食品知識ミニブックスシリーズ

〈改訂版〉

氷温食品入門

山　根　昭　彦　著

日　本　食　糧　新　聞　社

発刊にあたって

水は摂氏0℃で凍ります。では、生きものや食品はいったい何℃で凍るのでしょうか? 多くの方は、マイナスの温度にしたら食品がただちに凍ってしまうとお考えではないでしょうか。冷蔵庫を考えればわかりますように、生鮮野菜や果物、それに生の肉や魚など食品を貯蔵するのは、ほとんどがプラスの温度域です。これは0℃以下のマイナスの温度域では、食品を凍らせてしまうと考えられているからです。ところが、実際、マイナス1℃の氷温域でナシを貯蔵しても、凍るどころか約1年たっても、もぎたての鮮度を保持し、さらにナシ本来の風味と味覚が向上します。このようなこれまでの生鮮食品の貯蔵に対する概念を大きく打ち破ったのが「氷温」です。

この「氷温」は、種々の貯蔵研究の積み重ねの末に開発されたものではなく、鳥取県特産の二十世紀ナシの冷蔵貯蔵試験の大失敗から偶然見いだされたものであり、昭和45年のできごとでした。当時、4℃に設定した冷蔵庫を用いて貯蔵試験を行っていましたが、なんとその冷蔵庫が故障してしまい、マイナス4℃まで庫内温度が下がってしまいました。当然、凍ってしまったと思い、ナシを確認したのですが、驚いたことに凍っていなかったのです。これが「氷温」との出会いです。

一般に、貯蔵は時間の経過とともに食品の鮮度や品質を低下させます。しかし、食品が凍るか凍らないかの限界温度である「氷温」の温度域で食品を貯蔵したり、加工を行ったりすると鮮度が高く保持され、うま味や甘味が増し、素材のもち味がそのまま引き出された食品を生み出すことが可能となります。

さらに最近では、氷温よりもさらなる低温でありながら未凍結状態を示す過冷却温度域の利活用に関わる研究や、食品中に散在する水分の均一化技術の開発も進んでいます。これらの技術は農畜水産物の味覚、風味をさらに向上させることが可能であり、新鮮で、安全性、健康性が高く、自然のうま味を引き出した高付加価値食品の創出による新しい食文化の構築につながるものと期待されております。

「氷温」は新技術としてとらえられることが多いのですが、実は自然の摂理から生まれ、各地の伝承的な食品貯蔵や加工技術に学んだものです。寒ブリ、寒ブナ、寒ノリは一年中でもっとも寒くなる頃に「旬」を迎え、おいしくなります。寒干し、寒仕込み、寒ざらしは「寒」をうまく活用して食品を貯蔵、加工する技術です。いずれも「寒」を迎えることで食品は格別においしくなるのです。つまり、「氷温」は「寒の旬」、さらには「大寒の旬」なる味覚、風味を再現することが可能な技術であるといえます。

現代における「氷温」のもう一つの役割は、地域の活性化です。地域には、それぞれその地域ならではの農畜水産物があり、その地にしかない「味」があります。「氷温」を用いてその地域特有の「味」を引き出し、その鮮度を保持しながら、さらには加工などにより品質を向上させながら流通することで、地域の農業や産業は少なからずとも活性化していくものと確信しています。

本書はあくまでも「氷温」の世界の導入部にすぎません。「氷温」は自然の摂理や各地域の伝承技術に学んだ技術であり、食本来のおいしさや健康性などを引き出すことができる技術であることが、少しでもおわかりいただければ幸いです。

最後に、本書をまとめるにあたりまして、調査や資料提供にご協力いただいた方々に心より感謝申し上げます。

平成27年3月
著者

目　次

※「氷温」、「氷温熟成」、「超氷温」は㈱氷温研究所の登録商標です。

一、0℃以下は本当に死の世界か

1 「氷温」発見までの低温技術の歴史

(1) 海外の主な動き

①低温技術最古の記録

人間はかなり古くから、低温を利用して食べものを保存してきた。実際、非常に古い時代から、多くの冷蔵、冷凍に関する記録や資料が残されている。これは世界中の人々が昔から、低温技術がわれわれの食文化に重要な意味をもち、関心をもち続けられてきたことのあらわれだと考えられる。

北極圏のイヌイットのように寒い地方に住む人たちだけでなく、温帯に住んでいる古代人も、食品の保存に洞窟の冷気や山の雪氷を使っていたようである。

低温を人工的につくりだすもっとも古い記録は、紀元前2500年頃のエジプトの壁画に残っている。そこには、奴隷が水の入った水びんをうちわのようなものであおいでいる絵が描かれている。これは多孔質の素焼きのびんから少しずつ滲みだした水を、うちわで強制的に蒸発させて気化熱を奪い、中の飲み水を冷却する方法を示している。この方法は今でも中近東などの暑く乾燥した地方で使われているだけではなく、身近なところでは、素焼きのワインクーラーが売られているが、これも同じ原理を利用したものである。

②アレキサンダー大王が冷やしたブドウ酒

紀元前1000年頃には、ギリシア、ローマ、中国の古文書に自然の氷を利用したという文献があり、紀元前３３０年頃にはアレキサンダー大王が、遠くの山まで馬を駆って雪や氷を取り寄せ、ブドウ酒を冷やし、出陣前の兵士に与え、大いに戦果をあげたといわれている。

また、中国において秦の始皇帝が統一国家をつくった紀元前２２１年頃は、中国古代の食文化が完成した時代であるが、秦の都咸陽からは氷室の跡が発掘されている。

朝鮮半島でも５０５年には新羅の智證王が氷の貯蔵を命じた記録があり、氷倉を司る官職として氷庫典が置かれていた。

③「冷凍食品の父」誕生

さらに時代が進んで１５００年頃のイタリアでは、氷に硝石を加えて温度を下げることが発見された。これが最初の起寒剤で、果汁やブドウ酒を冷やすのに用いられた。

１８６８年、フランス人シャルル・テリエは、自らが開発したメチルエーテルを使った冷凍機を汽船リオデジャネイロ号に取り付け、０℃で牛肉の海上チルド輸送を世界で初めて試みているが、20日で機械が故障し失敗している。しかし、１８７６年にはフランスとアルゼンチン間の牛肉チルド輸送（１００日）に再度挑戦し、ほぼ成功している。

さらにテリエは引火性が高く危険な冷媒メチルエーテルをアンモニアに変えて、アンモニア吸収式冷凍機を開発し、１８７７年には汽船パラグアイ号に取り付け、フランスとアルゼンチン間で羊枝肉の輸送試験を行った。この時、冷凍倉庫の温度はマイナス28℃、冷凍機の調子のよい時はマイナス30℃まで下がり、大成功を収めている。これが畜肉の海上冷凍輸送の初めである。テリエの成功によって、アルゼンチン、オーストラリア、ニュージーランドなどの大牧畜産国から欧州へ牛肉や羊肉の冷凍海上輸送が盛んになった。テリエが「冷凍食品の父」とよばれる由縁である。

④冷凍と鮮度の関係を発見

1920年頃、アメリカのクラーレンス・バーズアイは北極に近いカナダのラップランドに暮らした時、現地人がマイナス40℃の自然環境下で冷凍したトナカイや魚の鮮度が高いことから、冷凍温度は低ければ低いほど、さらに凍らせる速度は早いほど品質が良いことを発見しており、後のゼネラルフーズ社の設立につながる。1930年には、同社が世界ではじめて箱入り冷凍食品を販売した。

(2) 国内の主な動き

①日本における氷の記録

日本では、仁徳天皇の時代（300年頃）、天然氷を貯えるための氷室があったことが『日本書紀』に記されている。これは、狩りをして手に入れた獲物を保存するためのものであった。その後、和銅元（708）年には、朝廷が大規模な天然氷採取用の氷池をつくり、採氷を行ったとされる。

江戸時代になると、日本海側の加賀前田家から江戸徳川幕府に氷の献上が行われるようになった。前田家の献上品は氷だけでなく、日本海のタイ、タラ、ブリなどが同時に届けられていたので、この定期便は日本版コールド・チェーンの元祖といわれている。

②機械製氷の使用

日本での機械製氷については、明治3（187

0）年福沢諭吉が腸チフスにかかった時、福井藩主が所有していたアンモニア吸収式冷凍機で門下生たちが少量の氷をつくったとされている。

営業的な食品の氷蔵は、中川清兵衛が天然氷の貯蔵庫を利用して生ビールを貯蔵したのが初めだとされている。また、後に詳述するが、明治32（1899）年には、中原孝太がアメリカ製の冷凍機を用い、日本で初めて生鮮食品を対象とした機械式冷蔵庫を開発、製造した。

③冷凍食品の販売開始

大正7（1918）年には葛原猪平が米人技師を招き、魚類の本格的凍結試験を行った。また同年、イチゴシャーベットを大阪の梅田阪急で販売した。さらに、現在の冷凍食品産業につながるものとして、大正12（1923）年、林兼商店（現在のマルハ）や戸畑冷蔵が行ったブライン（冷凍機で冷却した液体）による魚の急速凍結法の開発があげられる。

昭和10（1935）年には東京のデパート三越本店で魚の切り身、ステーキ、枝豆、カボチャ、ミカン、シャーベットなど、いわゆる現在と同じ冷凍食品の宣伝販売が行われた。しかし、日本の家庭で実際に冷凍食品が使われ出したのは、戦後、それも家庭用電気冷蔵庫が普及する昭和45（1970）年以降である。

(3)「氷温」発見の時代的背景

①日本人栄養所要量見直しが必要に

昭和39年に東京オリンピックが開催されたが、その時のメダル獲得の成績は、残念ながら期待通りにはいかなかった。各国から集まってきた選手たちの体位を見るにつけても、わが国民一般の栄養を見直す必要のあることが大きな課題とされた。代々木に設営された選手村で世界から集まった選手たちに出されている食事の内容と、そのための食材の調達、保管、品質検査などの状況を見聞きし、わが国においても従来の食生活を改善することの必要性が痛感された。

このような情勢下にあって、アメリカで普及していた生鮮食品の流通システムであるコールド・チェーンを整備する必要性が明らかにされた。

②コールド・チェーンとは?

そもそもコールド・チェーンとは何か? コールド・チェーン (cold chain) は、低温流通体系ともよばれ、生鮮食品など変質や腐敗しやすいものを対象に、まず生産地で予冷など低温処理し、冷蔵トラック、貨車により運搬し、冷蔵ショーケース、家庭の冷蔵庫と一貫して低温流通させることによって、鮮度の維持、価格の安定、衛生状態の確保に大きく寄与することができるものである。

ジェームズ・ディーン主演の映画「エデンの東」には、カリフォルニア州サリナスを舞台に、生鮮レタスを氷で冷やして遠隔地に輸送する事業で主人公の父アダムが大もうけしようと企む場面が出てくるが、第二次世界大戦後アメリカで急速に発展した生鮮食品の革命的な流通システムである。

③コールド・チェーン導入への道のり

しかし、なにぶんわが国では未経験の流通技術分野であり、生産者や流通業者がこの新しい技術を取り入れるためには大きな不安があった。

また、科学技術庁（現文部科学省）では、資源調査会が中心となって、昭和36年頃から、当時のわが国における国民の健康と食料の関係について調査、解析を進めていた。その結果、エネルギー（カロリー）的にはほぼ充足しており、２７００〜２８００キロカロリー／日の摂取量レベルには達していたが、漬物その他の塩蔵品などの多量摂取によると思われるさまざまな疾患が多く、炭水化物に偏った食事で、欧米諸国に比べて動物性たん白、脂肪、生鮮野菜などの消費量が少ないことが問題視された。

このような調査結果もふまえ、昭和40年に科学技術庁資源調査会が「食生活の体系的改善に資する食料流通体系の近代化に関する勧告」（資源調査会勧告第一五号）という勧告を出し、この勧告を出した国みずからが実際の流通の場において実験し、この新しい技術の効用性を実証するとともに、その普及をはかるため、科学技術庁が予算を計上して昭和41年、42年度の２カ年にわたって「コールド・チェーン事例的実験調査」（予算規模は2カ年で約3億円、実験対象地区は約20道県、実験対象野菜、果実は約２５００t、約20品目、この他、食肉、鶏卵などについても実験された）を実施することとなったのである。

なお、その頃、わが国においては低温流通の経験はほとんどなく、したがって実験のために必要な温度、湿度、包装などの技術要素についてのデータに乏しかった。そこで、コールド・チェーンの先進国であったアメリカのデータ、米国暖房冷凍空調学会ASHRAE（American Society of Heating Refrigerating and Airconditioning Engineers）が刊行した『Guide and Data Book』に学ぶことが多かった。

2　失敗から発見されたマイナス温度の世界

(1)「氷温」の発見

①鳥取県での冷蔵実験

コールド・チェーン事例的実験調査では、鳥取県の二十世紀ナシもその対象とされた。実験は2カ所で実施された。そのうちの一つは、「氷温」の創始者・山根昭美博士が当時の所長であった鳥取県食品加工研究所（現地方独立行政法人鳥取県産業技術センター食品開発研究所）に科学技術庁が新たに設置した実験用の冷蔵施設で行ったもので、4tの二十世紀ナシを、炭酸ガスと酸素濃度を調節するいわゆるCA冷蔵とも比較しながら長期間の保管実験をしたものである。

もう一つは、鳥取県果実連の協力を得て、産地の営業用冷蔵倉庫を用いて、約60tの二十世紀ナシを1カ月程度保管した後、東京まで冷蔵輸送し販売する実験であった。

科学技術庁の委託によるこの2カ所の実験調査では、保管温度が万一、凍結することの危険性を回避するため、実質的な温度が1℃を下限とするように設定されていた。これらの実験は昭和42年度に終了したが、それ以降、鳥取県食品加工研究所ではその冷蔵施設を使い、鳥取県からの委託を受け、その後も継続的に実験を進めていた。

②CA冷蔵の大失敗

当時、青森県がリンゴの炭酸ガス貯蔵（CA冷蔵）に成功した頃で、山根所長はこの炭酸ガス貯蔵を二十世紀ナシにも応用できないかと腐心していた。

炭酸ガス貯蔵とは、冷蔵庫内の炭酸ガスを増やし、果実の呼吸を抑えながら鮮度を高く保とうとする貯蔵方法である。また、設置したCA冷蔵庫は5・09g（約1・5坪）のものが2室で、冷却方式はフレオンR12の直接膨張式であり、強制循環式の冷却システムであった。温度調節はダンフォス社（デンマーク）の自動調節器で行った（写真1-1、図1-2）。

当時は食べものを凍結させると駄目になってしまうという固定観念があったため、貯蔵庫内の炭酸ガス濃度を高めながら、庫内温度は4℃に保つように細心の注意を払っていた。実際、8月末から9月中旬にかけて収穫された二十世紀ナシは、そのCA冷蔵庫の中で、年末までは鮮度を保ちながら貯蔵されていた。

ところが、順調に研究が進んでいると思ってい

写真1-1「氷温」の発見

左：当時の研究の様子（右から2人目が山根昭美博士）
右：CA冷蔵庫（左奥に2室設置）
資料：鳥取県食品加工研究所30年史

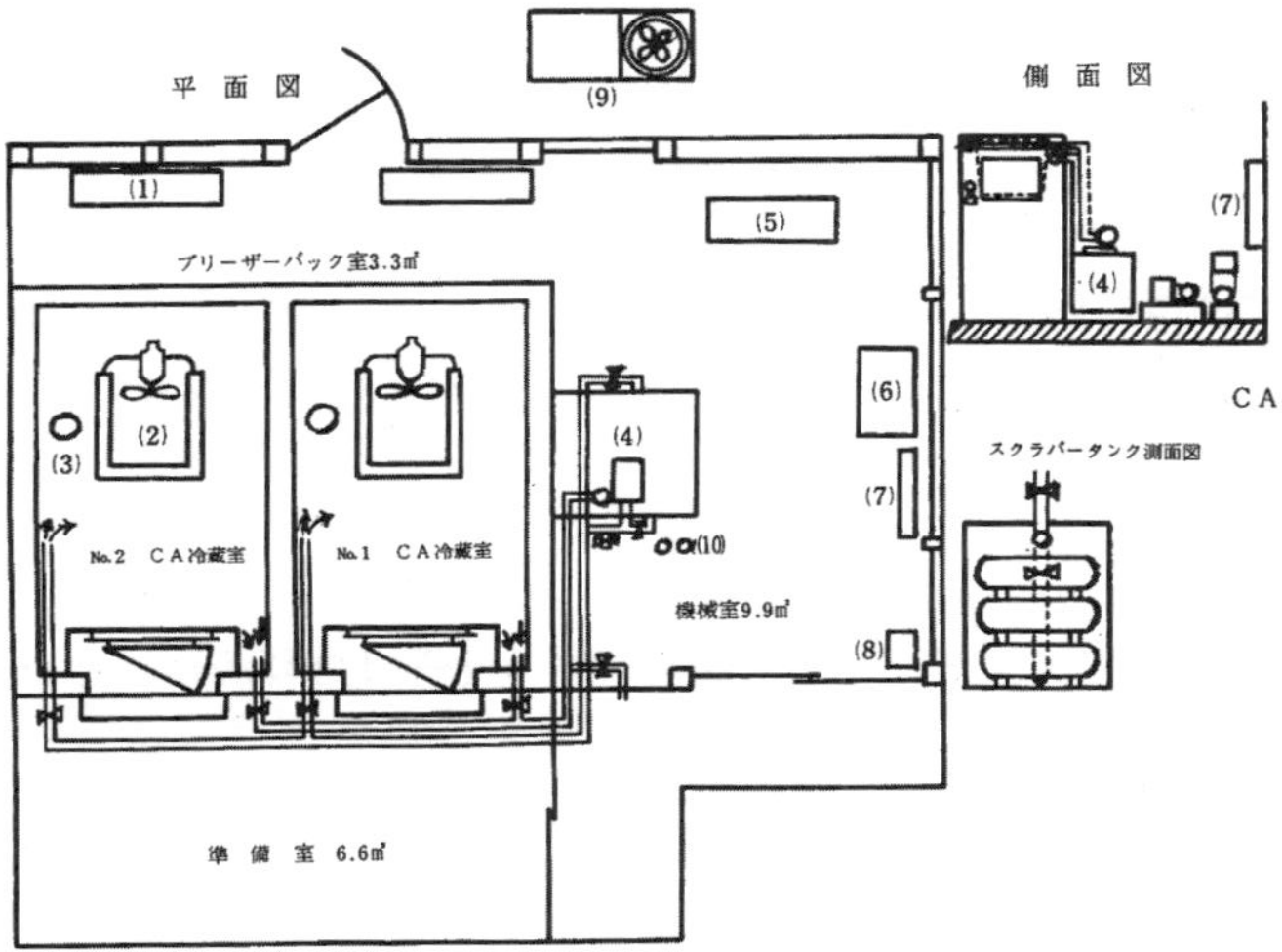

CA冷蔵室 ND1.2.1室5.09㎡

(2.8×18.1×3)

(1) ブリーザーバック
(2) 天井吊ユニットクーラー
(3) 加湿機
(4) スクラバータンク
(5) 冷凍機 3 HP
(6) 冷却水ポンプ
(7) 制禦盤
(8) 温湿度計
(9) クーリングタワー

図1-2 CA冷蔵庫

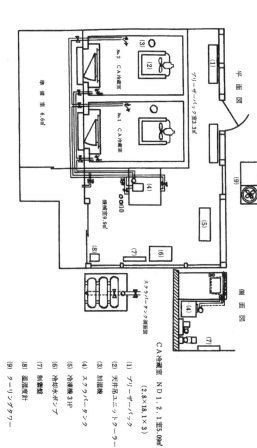

た正月に大変なことが起きてしまった。正月明けの仕事始めの日、若い研究員が真っ青になって山根所長のところに飛び込んでいった。「大変です、所長、二十世紀ナシが凍ってしまいました」。

山根所長は一瞬、自分の耳を疑ったという。何が起こったのかを問う所長に、若い研究員は「CA冷蔵庫の故障で、温度計がマイナス4℃を指しています」と二十世紀ナシの長期貯蔵研究の大失敗の様子を説明した。

当時、最先端の冷蔵施設を用いての研究であったので、その機械が故障するということは、まったくの想定外だった。その年の正月は寒く、凍てつくような冷え込んだ外気が実験棟にも流れ込んだためか、CA冷蔵庫の温度調節機能を狂わせてしまっていたのだ。いずれにしても農作物が凍結してしまうと商品価値は消失してしまうので、CA冷蔵庫の扉は開放し、電源を切って貯蔵研究を中止した。

CA貯蔵研究は本当に必要なのか、という意見があるなか、強引にCA冷蔵庫を導入し、公のお金を投じて進めてきたプロジェクトだっただけに、失敗は許されなかった。ただ、4日後に、鳥取県知事に面会させていただく約束をとりつけ、研究所長として責任をとる意味から進退伺いの提出とともに、最後の仕事として、この貯蔵研究の大失敗の事実を知事に報告することだけが決まっていた。

③マイナス温度の奇跡

4日が経過し、知事に会うにあたり、その凍った二十世紀ナシも見ていただこうと若い研究員に箱に詰めてくるように指示したところ、顔を真っ赤にしてあわててもどってきて「所長、ナシが、凍ったナシがもとにもどっています」と言うのである。

驚いて調べてみると、強制循環式の冷却システムを採用したCA冷蔵庫だったので、冷気が直接当たっていた2割ぐらいの二十世紀ナシは確かに凍っていたが、残りの8割のものは、マイナス4℃の環境下であっても凍らないで貯蔵されていたのである。しかもその二十世紀ナシは、果皮色は二十世紀ナシ特有の淡緑色を保持しており、味覚は甘くジューシーでおいしかったのである。

それまで一般に食品は0℃以下になったら凍ってしまうため、それ以下では生のままでの保存はできないと考えられていた。野菜や果実などを生きたまま、あるいは肉や魚介類を生のままで保存するのは0℃より高い温度域、つまり冷蔵であり、これに対し、長期に保存するには0℃以下で凍らせて冷凍しなければならないとされていた。

しかし、この二十世紀ナシは0℃以下のマイナス温度域でも凍らずに生きていた。それならば、野菜や果実などの保存温度を0℃以上と限定しているのはおかしいではないか。0℃を冷蔵、冷凍という貯蔵方法の境界とすることに疑問を感じ、0℃と、ものが凍り始める温度の間にこそ未知の世界があるのではないかと考えるようになった。

これが「氷温」の発見である。

(2)「氷温」の創始者「山根昭美」

①山根博士の人物像

0℃以下の凍らない生なる世界を切り開いた山根所長こと山根博士とはどういう人だったのか。昭和62年に発行された『わが人生論　鳥取編㊥』（中村輝雄編集、文教図書出版）から一部抜粋し、

山根博士の略歴

山根昭美（やまね　あきよし）

生年月日	昭和３年11月18日	
出身地	鳥取県鳥取市	
学歴	昭和21年	鳥取県農林専門学校（現鳥取大学）卒業
	昭和46年	農学博士（北海道大学）
主な略歴	昭和21年	鳥取農林専門学校（生物化学研究室）
	昭和24年	鳥取県販売農業協同組合連合会
	昭和30年	鳥取県林業試験場
	昭和32年	鳥取県農産加工所
	昭和43年	鳥取県食品加工研究所　所長
	昭和47年	米子高等専門学校　講師
	昭和53年	全国食品関係試験研究場所長会　会長
	昭和60年	株式会社氷温研究所　代表取締役
		日本氷温食品協会　理事長
	平成５年	社団法人氷温協会　理事長
	平成９年	氷温学会　会長
	平成10年	召天

紹介する。

「学生時代が丁度戦争の末期に遭遇したため、まともに勉強した記憶がない。その上、軍の配当銃を折った罪で無期停学をくらい、お陰で志望していた学校まで断念せざるを得なくなり、自暴自棄に陥った時代もあった。しかし、そんな自分ではだめだと思い、専門学校を終えたあと母校の校長角倉邦彦博士の研究室（生物化学）に無給で入室させて頂いた。この研究室時代の3年間、敬虔なクリスチャンでもあった恩師に学問の尊さを学び、信仰を通しての人柄に強く心をうたれた。ある日実験している私のところにこられた先生が突然、『試験管を振っている時でも祈って振りなさい』とおっしゃった。一瞬なんのことだろうかと思っていたところ、続いて、『山根君、これから先、立派な研究者になるためには信仰を持ちなさい』とつけ加えられた。今になって思えば、あの時、恩師のお言葉をいただいて聖書を読むようになり、昭和52年に洗礼を受けた。そして神によって造られた自然に学ぶ姿へと移行していったのである。そして鳥取県の特産二十世紀ナシの貯蔵研究に没頭していた今から20年前、トカゲやヘビはどうして冬眠中に凍結死しないのか。またマイナス20℃からマイナス30℃の厳寒地に生育している樹木はなぜ死なないのか。さらにまた南極海の『ライギョダマシ』という魚はマイナス4℃でもなぜ生きているのか。であるのに貯蔵学では0℃以上は生きたもの、0℃以下は死んだものとしている概念は間違っているのではないかと思い、0℃以下での生体保存に興味をいだき、その研究に傾注した。その結果、0℃から氷結点までの間に未凍結の温度域のあることを発見、この領域を『氷温』と名付けた。今やこの氷温は日本ではもちろん、アメリカ、スイス、イギリスなどの欧米諸国からも注目されるようになった。私の人生もやがては終わるだろうが、この氷温は神によって造られた自然界の営みの中から生まれた学問であるため、この学問は永遠に消滅されることなく継承されていくことを信じて止まない。」

かくして「氷温」の世界を生み出し、国内外から「氷温」の事業化への大きな期待が寄せられた。その声に押され、昭和60年、株式会社氷温研究所と氷温食品協会を米子市に設立した。

②「氷温」普及への苦難

一筋縄ではいかないのがここからだった。産業応用のための研究は試行錯誤の連続であり、使える段階になっても実用化に二の足を踏む企業が多かった。さらに山根博士を苦しめたのは腎臓病であった。幼少期に患ったものが悪化し、この頃は人工透析治療が必要となっていた。医者からは、残された命を大切にするため、週3回の透析治療を勧められた。しかし、それでは全国に普及することができない。一つでも多くの地で1人でも多くの人に直接語りかけたいという山根博士の強い意志に、医者は何も言えず、週2回の透析治療としたのである。

当時の山根博士を支えた言葉が新約聖書にある。ローマ人への手紙第5章第3節「艱難は忍耐を生み　忍耐は練達を生み　練達は希望を生みだす」である。

文字通り命を縮めながら、八面六臂《はちめんろっぴ》の研究活動と普及活動を続けた。平成5年に社団法人氷温協会を設立、8年に著書『氷温貯蔵の科学』を発刊、同年NHKの「クローズアップ現代」で特集され、翌9年氷温学会を設立した。10年秋には全国育樹祭開催の折り、来県された皇太子殿下、雅子妃殿下に氷温技術を説明する機会が訪れた。脳梗塞も患い半身がマヒしていたが、車イスで大役を務めたその1カ月後に没。享年69歳であった。

「自然に学べ」、「楽をしようとか、自分のためとか、そんな人生を送ったらもったいない。みんなのために働かせていただくことに喜びがある」。山根博士の生き方を表す言葉である。

山根博士が没してから15年後の平成25年4月には、鳥取県が社団法人として認可していた氷温協会が内閣総理大臣から公益社団法人として認定された。また、同年5月に鳥取県で開催された「第64回全国植樹祭」では、氷温貯蔵で開花抑制したチューリップを天皇・皇后両陛下にご高覧賜るなど、山根博士の遺志が実を結ぶ形で氷温の普及が続いている。

(3) 鳥取県米子市は「氷温」と「冷蔵」発祥の地

①冷蔵業の先駆者、中原孝太

氷温は鳥取県で生まれたが、この鳥取県といえば、わが国冷蔵業の先進地であり、とくにこの米子市は冷温・冷蔵という貯蔵技術の発祥の地といっても過言ではない。先述したように、冷蔵業の先駆者である中原孝太氏が心血を注ぎ冷蔵事業にかけた熱き思いが、氷温が発見されたこの地、米子には宿っている。

孝太氏は鳥取県東伯郡橋津村（現・湯梨浜町）の出身で、明治3年6月1日午前2時に生まれ、午の年、午の日、午の時刻であったので、村老らは中原家には強情者が生まれたと言われたが、実際、孝太氏は強情っ張りであったようだ。少年期に入ると孝太氏は父に強要して15歳で単身上京、英語を学んだ後、アメリカに遊学し、国富の絶大さと物資文明の進歩に驚嘆した。明治25年、コロンビア大学法科を卒業して帰国した後、しばらく東京で会社勤めをしていたが、アメリカで抱いた事業を実現するには田舎の方が適していると考え、明治28年に橋津に帰ってくる。

②日本冷蔵商会の設立

明治31年、立ち上げる事業とその適地を試行錯誤した結果、米子の城山の麓、中海《なかうみ》に臨んだ風光明媚の地に日本冷蔵商会を設立した。ちなみにこの「冷蔵」の語は「Cold Storage」の直訳で孝太氏の訳語である。

氷といえば、福万村（現・米子市）の高田家が切り出す大山の天然氷しか知らなかった米子町民は、機械で氷を製造するというので前評判が高く、開業式には県知事をはじめ各界の名士が参列した。しかし、山陰の田舎での氷や冷凍魚の需要はきわめて少なく、評判とは裏腹に経営は困難だった。こうした事態打破のため凍り豆腐の機械的製造を試みて天然製よりはるかに良質で均一の凍り豆腐が製造でき、大阪内国博覧会で2等賞を得たほどのできばえだったが、安価な天然の製品に太刀打ちできず、結局失敗に終わった。

③神戸への拠点移動

孝太氏は米子が製氷・冷蔵業の地の利を得ていないことを痛感、明治38年工場を神戸に移し、日本海冷蔵株式会社を設立した。株式会社は株主をはじめ他の役員との協調の上に成り立つが、孝太氏の性格に合わず、明治40年、孝太氏は心血を注いだ冷蔵事業から一切手を引き東京に去ってしまった。東京ではいくつかの事業を起こしたが成功せず、昭和18年没、73歳だった。

ともあれ、孝太氏の先見性は当時の常識から一頭地を抜いたものであり、彼の冷蔵技術はその後、水産業のみならず、食品保存全般に及んだ。さらに孝太氏が冷蔵技術の開発に熱き思いを抱いたこの米子にて、没後約30年経過した後、新たに氷温技術が誕生することになり、低温技術で生鮮食品の素晴らしさを伝えようという孝太氏の志はしっかりと継承していかなければならない。

3 生と死の境界線は氷結点にある

(1) 動植物の氷結点

冷凍は細胞を凍らせるので、少なからず細胞を損傷あるいは破壊してしまう。つまり細胞レベルで考えると凍結は死を意味する。よって、生物における生と死の境界温度は水が凍る温度の「0℃」ではなく、ものが凍り始める温度を意味する「氷結点」にあったのである。

食において、素材が生のまま維持されるということは細胞が生きているということである。肉や魚介類のように呼吸が停止し、個体レベルでは死んでいても、細胞レベルで生きていれば生としてとらえることができる。

0℃以下のマイナス温度域における生命、あるいは細胞の維持限界を確かめるため、動植物の氷結点を調べてみると、図1‐3のように野菜類（サラダ菜、トマト、ジャガイモ）はマイナス0・3～マイナス1・9℃、果実類（リンゴ、ブドウ、サクランボ）は野菜類よりやや低くマイナス2・0～マイナス3・4℃、ついで牛肉はマイ

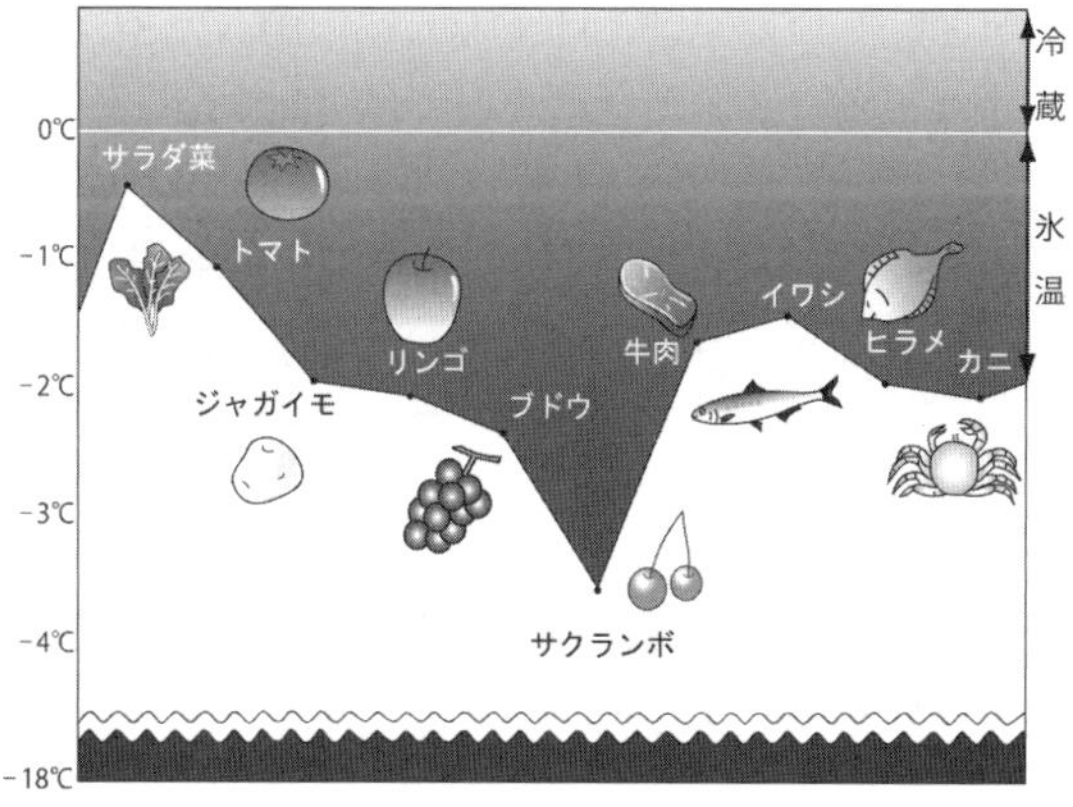

図1-3 各種食品の氷結点

ナス1・7℃、魚介類（イワシ、ヒラメ、カニ）はマイナス1・3〜マイナス2・0℃であった。ただ、同じ食品でも品種や収穫場所、収穫時期や雌雄が異なれば、それぞれその氷結点も異なるが、いずれも0℃では凍らず、0℃より低い温度で凍結することがわかった。

(2) 氷温域とは

今まで常識的に生と死の境界温度はなんとなく0℃ではないかと考えられてきたが、それはあくまでも水の氷結点、つまり水が凍り始める温度が0℃であるという水の物理性から導き出されたものであって、細胞や生体における境界温度とはかけ離れたものであった。よって摂氏0℃とは人間サイドで勝手に決めた温度であって、野菜や果実など生きものを対象として考えられた温度ではなかったといえる。

この図でいえばマイナス0・3〜マイナス3・4℃の温度域は未凍結の状態を示している。この0℃からものが凍り始める温度（氷結点）までの未凍結の温度域が「氷温域」である。

4　氷温域は生きている

(1) 果実での呼吸確認

実際に0℃以下の氷温域において動植物が生きているか否か、さらに動物の細胞が生の状態で維持されているのかの確認を試みた。

まず植物性食品の例として二十世紀ナシを呼吸量の観点から調べたところ、予想されたとおり収穫時期の初期、中期、後期のいかんを問わず、常温（20℃）から冷蔵（1℃）へと温度が低下するにつれて、二酸化炭素呼出量が大幅に抑制されていた。氷温（マイナス０・８℃）では冷蔵の40～70％に抑制されていたが、わずかながら二酸化炭素を呼出しており、マイナス０・８℃という氷温域でも二十世紀ナシは生きていることが証明された（表１－４）。

一般に果実の呼吸量温度係数Q値（温度上昇10℃に対する呼吸量の増加率）は２・５倍といわれている。10℃と20℃の比較ではこれとよく適合していたが、氷温域ではわずかな温度降下によって呼吸が著しく抑制されることがわかった。また、収穫時期が初期のものは中期や後期と比較して、氷温域での呼吸の抑制効果がやや高い傾向が観察された。

表1-4 二十世紀ナシのCO_2呼出量

呼出量(CO_2mg/kg/h)

温　度	収穫時期		
	初期	中期	後期
氷温(－0.8℃)	0.51	0.92	0.89
冷蔵(＋ 1℃)	1.30	1.31	1.20
常温(＋10℃)	4.30	5.43	6.05
常温(＋20℃)	11.21	12.62	12.46

初期：開花後138日
中期：開花後146日
後期：開花後156日

(2) 動物でも呼吸している

動物性食品の例としてはズワイガニとダンジネスクラブをとりあげた。生きたズワイガニ（雌、親ガニ）を氷温域（マイナス1℃）と冷蔵（5℃）で貯蔵して、呼吸量を水中の溶存酸素濃度として測定して比較検討したところ、1日経過した時点で氷温域は6・5ppm、冷蔵では1・9ppmであり、氷温域では呼吸が抑制されることがわかった（図1-5）。

また、カナダ産のダンジネスクラブでも同様に、貯蔵1時間後の溶存酸素濃度は冷蔵（5℃）で2・7ppm、氷温（マイナス0・5℃）では9・3ppmと著しく呼吸が抑制されていた（図1-6）。以上のことから0℃以下の氷温域でも動植物は呼吸をしていることが確認され、生きていることが実証された。

(3) 氷温域での細胞の状態

次に、氷温域における細胞の状態を調査した。試料は牛肉を用い、氷温（マイナス1℃）、部分凍結（マイナス3・5℃）および冷凍（マイナス20℃）でそれぞれ5日間貯蔵した後、各貯蔵牛肉由来の細胞を顕微鏡下で観察した。その結果、氷温貯蔵牛肉は貯蔵開始時の状態とほぼ同じであり、細胞に損傷や変形は観察されなかった。

一方、部分凍結貯蔵と冷凍貯蔵した牛肉細胞では凍結による損傷、変形が確認された。氷温域での貯蔵は、部分凍結貯蔵や冷凍貯蔵と異なり、細胞を生きたままの状態で維持することが可能であった（写真1-7）。なお、部分凍結貯蔵した牛肉の細胞内にはかなり大きな氷結晶が観察されたが、これは最大氷結晶生成帯を緩慢に通過したこ

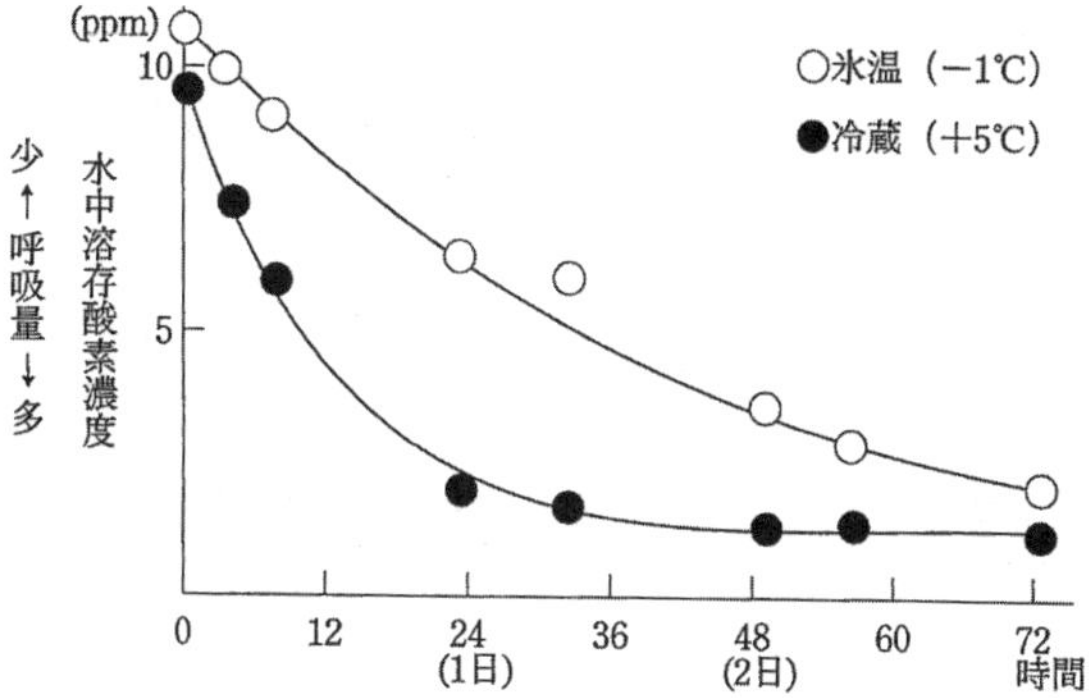

図1-5 ズワイガニ（親ガニ）の貯蔵中の呼吸量

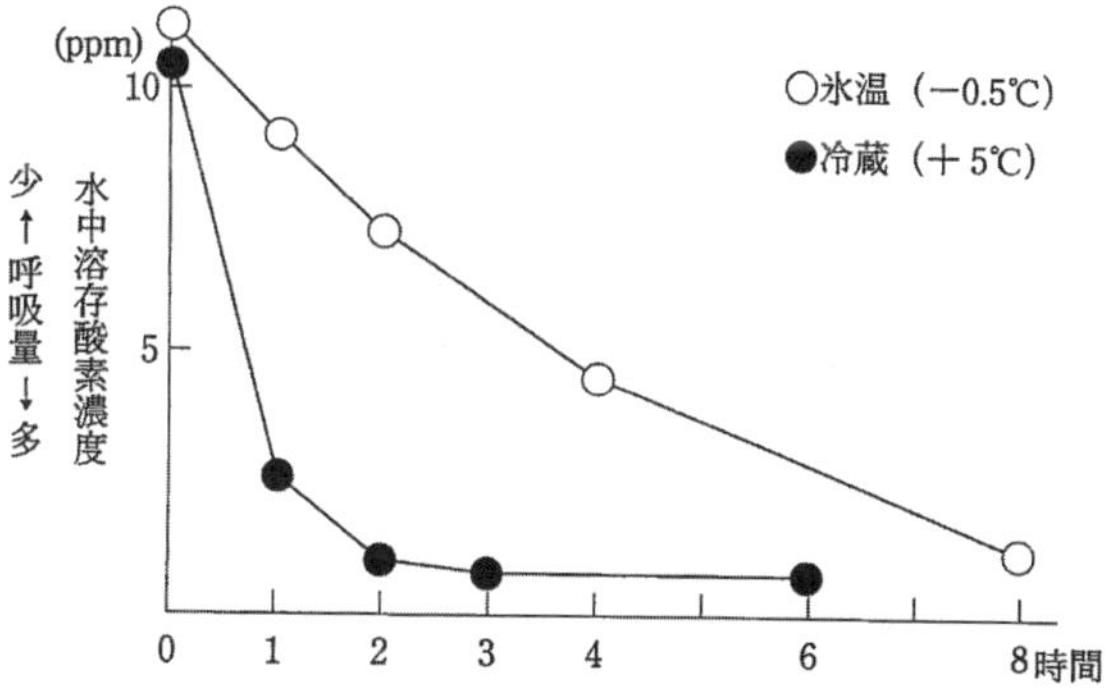

図1-6 ダンジネスクラブ（雄）の貯蔵中の呼吸量

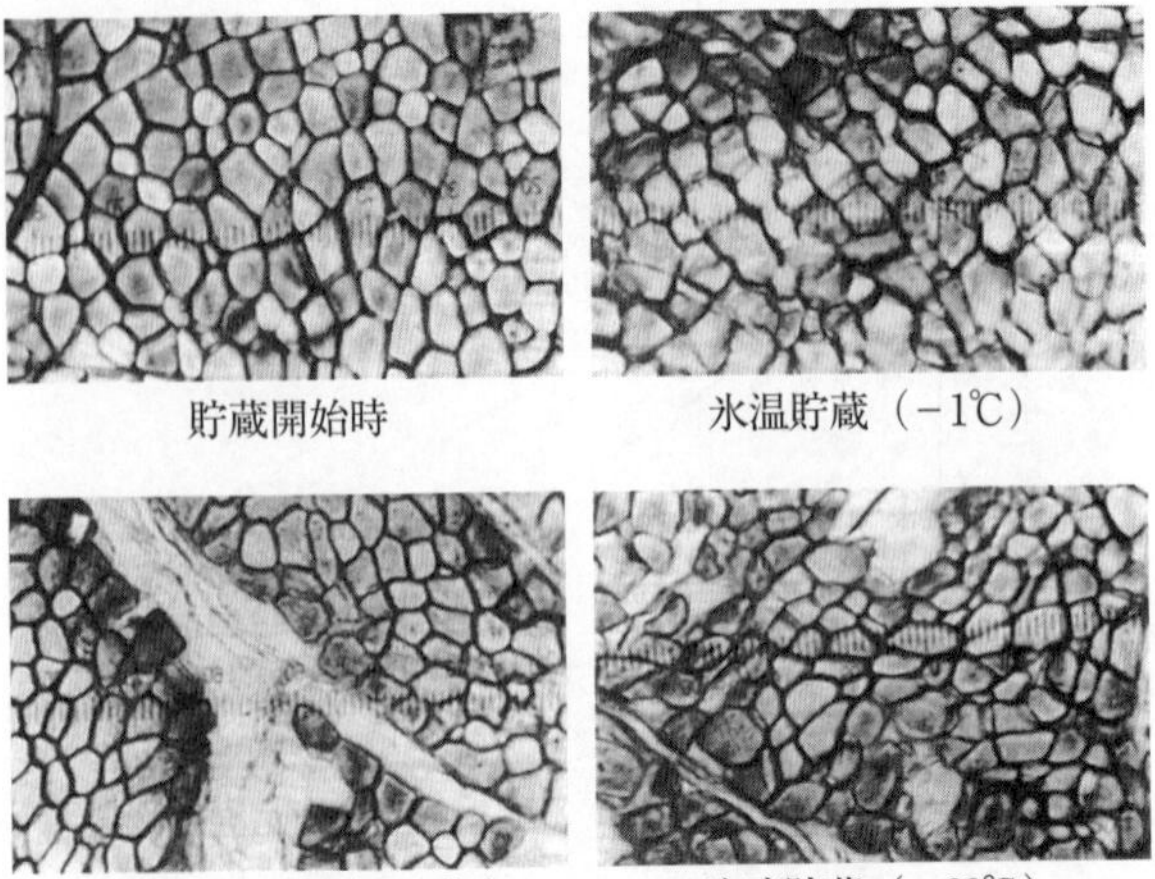

貯蔵開始時　氷温貯蔵（−1℃）

部分凍結貯蔵（−3.5℃）　冷凍貯蔵（−20℃）

写真1-7 貯蔵方法と牛肉組織

とによるものと判断され、細胞に対して致命的なダメージを与えているものと思われた。

⑷ 細胞での生死の境は氷結点である

二十世紀ナシ、ズワイガニ、牛肉の結果から、ただなんとなく0℃を基点にして、これよりプラス側を冷蔵の世界、マイナス側を冷凍の世界とし、前者を生きたもの、後者を死んだものとしてとらえてきたことは大きな誤りであり、細胞レベルでの生死の基点は氷結点であることをまず認識しなければならない。

また、これまで学問的に扱われてこなかった0℃以下の未凍結温度域である氷温の誕生によって、食品貯蔵学や食品加工学、さらにはこれらの学問を基礎とする食品関連技術分野における新たな一ページが始まるのである。

二、伝承技術に秘められた「寒」を生かす知恵

1　寒の味、旬の味

昔の言葉で、寒九の水、寒ブナ、寒ブリ、寒ノリ、寒ソバ、寒ざらし粉、寒仕込み、寒餅、寒干しなどと言い、「寒」という字の用いられたものは多かった。それとは別に、「旬」という字を用いたものも数多い。いずれも食べておいしい時期と理解しているものの、その定義は定かではない。ただなんとなく「寒」、「旬」の字がつくものはみな、おいしい食べものであることに間違いなさそうだ。つまり、「旬」は字のとおりその時期々々にとれる食べもので、しかも出盛りの味がのってきたときを意味しており、「寒」の味覚とは、気温が下がってきた頃に旬をむかえた食べもののおいしさを指しているものと理解している。

東京都中央卸売市場年報を見ていただいたらよくわかるが、寒が旬にあたるものや、寒に向かって味がのっていく食べものが比較的多いことに気づく。たとえば筆者が暮らしている鳥取県の白ネギも、雪が降り出すとヌメリや甘味を増し、すき焼きの味が倍加される。また、松葉ガニ（ズワイガニ）も晩秋に解禁されるものの、雪が散らつく頃にならないと肉が締まってこないし、光沢もない。ところが、その頃になると、うま味と甘味がほどよくのってくる。寒ブリも松葉ガニの「旬」を告げる降雪現象とよく似ており、雪が降り出し、しかも雪起こしといわれる雷の音がしないと味がのってこないという。

こうした「寒」にまつわる食品は生ものだけにはとどまらず、伝承的加工食品にもみられる（表2－1）。これらは暦の上で大寒に入らないと造らなかった。それは大寒に入ってからでないと味と日持ちのよいものが得られなかったことに由来する。

いずれにしても、気温が下がってくると急においしさを増してくる「寒」の字のつく食べものについて、はたしてどのような生理機能が働いて、あの濃厚な味が生まれるのか興味が湧いた。

2 低温熟成・発酵の伝承技術「漬物」

伝承食品のなかには、低温でゆっくり熟成や発酵を進めるという技法を採用している食品が多くみられる。通常、温暖な地方では腐敗の進行が速

表2-1「寒」を生かした伝承的加工技術および食品

農産物	寒かゆ、寒ざらし粉、寒ざらしだんご、寒餅、寒ざらし餅、寒あられ、寒九のかぼちゃ、寒だいこのにしめ、寒漬、寒干し大根、寒しょうが、寒わらび、寒蕎麦、寒ざらし米、寒仕込みなど。
水産物	寒ブリ、寒ノリ、寒しじみ、寒だら、寒干し汁、寒ブナ、寒さば、寒じゃっこ、寒やつめ、寒干しなど。
その他	寒九の水など。

資料：農山漁村文化協会「日本の食事事典」

いため、味の面からも食品の安全性の面からも動物性たん白質の漬物は危険視されている。

一方、北海道では、ニシンの腐敗を防ぎ、しかも貴重な保存たん白質として、魚介類を厳寒期に漬け込む「ニシン漬け」がある。また、韓国の「キムチ」も野菜を主原料とするものでありながら魚介類などの動物性たん白質を併用するものが主流とされている。これは非常に寒い韓国の気候だからこそできるものである。韓国には北海道と同様、異常発酵による変質や腐敗を抑制し、正常な熟成が行われるような自然環境が必然的に備えられているといってよい。

わが国中部の標高の高い木曾地方で造られる「すんき漬け」は、食塩をまったく用いないという点でおもしろい。冬期の寒冷な風土を利用した典型的な乳酸発酵漬物で、これまた伝承食品である。

このように動物性たん白質を用いた漬物や無塩漬物の場合は、腐敗を防止しながら熟成のみを進行させる必要がある。そのために、共通して寒冷地で、しかも厳寒期を選んで製造している点に注目すべきである。

3　低温乾燥・熟成の伝承技術「寒干し」

昔から新鮮な野菜や魚が多くとれる農漁村地域には、「寒干し」という技法が伝承されている。この寒干し技法も、それぞれの地方によって対象となる素材に違いがある。しかし、いずれも共通して寒い時期をねらった乾燥法で、その寒さの度合いも、暦の上で小寒から中寒を経て、日中でもマイナスの温度になることの多い大寒の時期に行われる。

この時期に乾燥したものは、もっとも良質で保存性に優れた製品が得られるとされている。寒干しが行われる代表的な農産食品として、うどん、そうめん、大根葉などがあげられ、水産食品としてはアジ、カレイなどがあげられる。

なかでも魚の一夜干しは山陰地方独特の寒干し技法で、生きたままの魚を縄で編んで、雪の散らつく寒中に一夜、吊し干しするものである。都会に暮らす人たちにとってはきわめて残酷に感じられるかもしれないが、その味は格別においしい。

また、寒干しうどんは、寒あるいは大寒の頃に打って細く切ったうどんを寒風で乾燥したものである。こうしてつくったうどんは打ちたての独特なコシと風味を有する。

このように、昔の人は自然現象をうまく活かし、旬の野菜、果実や魚介類の、とりたて、もぎたての味をそのまま残したり、味を向上させたりするすばらしい技法をつくりだした。しかもその技法は大寒を選んでいる。なぜならば、大寒の頃は昼夜を通して0℃以下のマイナス温度になることが多く、雪も粉質化し空気が急激に乾燥することが多いからである。

4 「寒」、「旬」を氷温に再現する

寒ブリやズワイガニも、北海道のニシン漬けやすんき漬けも、そして寒干しも、いずれも大寒の季節にそのおいしさが最高に達する。本来、自然に寄り添わなければその大寒の旬の味覚・風味を獲得することはできないので、大寒になるまでただひたすら待つのである。

しかし、果実も野菜も魚も、今や「旬」も「寒」もなくなり、年中なんでも求めることができる。発酵食品もまたしかりで、昔流の「寒仕込み」は姿を消し、温醸や速醸に変わってしまった。酒も味噌も醤油も奥深い味わいやコクがないように思う。「寒干し」、「寒餅」などの自然乾燥食品もまた姿を消し、多くのものが熱風乾燥に切り替わり、旬の味など吹っ飛んでしまった。

これらは短時間に大量の食品をつくることはできるのだが、「旬」、「寒」のおいしさとはほど遠いものになってしまっている。

電車や車、そして飛行機もスピード化され、ローカル線は逐次廃止の方向に進んでいる。便利さと効率的な面からは大変な進歩とみて喜ぶべきことであろう。しかし、すべての食べものを同じようにスピード化し、生産する必要はないのではと考える。

氷温の世界で野菜や果実、魚、肉などを貯蔵ないしは加工すると鮮度を高く保ちながらうま味や保存性が増すことがわかっている。天の恵み「旬」、「寒」のおいしさを今一度よみがえらせるための蘇生的な役目を果たすのが「氷温」だといっても過言ではないだろう。

三、氷温——0℃以下の生なる世界

1　氷温の定義

今日でも0℃以上は生の世界、0℃以下は死の世界といった概念が強いものである。医学や生物学を専攻している大学生でさえ、0℃以下になると生体はすべて凍ってしまうものだと認識していることがある。小学校教育で水が0℃で凍結することや、なんとなくではあるが、生物が凍結すると生き返らなくなることを学ぶ。また、凍死という言葉があるが、この言葉からは「凍ったら死んでしまう」という事象を連想してしまう。

このような断片的な知識が人間の頭の中で融合すると、0℃以上は生の世界、0℃以下は死の世界といった概念が常識化してしまうのである。

しかし、昭和45年、「氷温」の創始者である山根昭美博士が、鳥取県産二十世紀ナシの長期貯蔵試験の大失敗から、0℃以下のマイナス温度域でも二十世紀ナシが凍らずに生きていることを確認し、その氷点下の未知なる世界を定義したのである。

(1)「氷温」という言葉の由来

まず、第一に、0℃から氷結点までの未凍結温度域を「氷温域」と名づけた。ところで、「氷温」は山根博士の造語であるが、「氷温」の「氷」の字は冷たい、寒いなどの「苦しみ」が、また「温」の字はあたたかいなど「楽」という意味が潜在している。

つまり、おいしいものは「苦しみ」だけでは得られないし、また、「楽」だけでも成立しない。苦楽が相ともなってはじめて生きものが輝き、おいしいものに仕上がる。これが山根博士の哲学である。

(2) 氷温域、氷温技術の定義

次に、氷温貯蔵、氷温熟成、氷温乾燥、氷温発酵、氷温濃縮などの氷温の温度域における技術の定義を記す。「氷温技術」とは0℃から氷結点までの未凍結温度域（氷温域）で食品の貯蔵や加工などを行うことであり、氷温貯蔵食品、氷温熟成食品、氷温乾燥食品、氷温発酵食品、氷温濃縮食品など得られた高品質な食品を「氷温食品」とする。さらに、食品などに対して、それぞれ氷温技術の導入を可能にする機器類を「氷温機器」とした。

低温技術のほとんどは欧米諸国から導入されたものであるが、氷温は日本で生まれ、開発、発展してきたものであり、氷点下の生なる領域を世界で初めて定義したものである。

以下に、再度、氷温の定義をとりまとめておく。

・「氷温」とは、0℃以下の生なる温度世界の総称である。

・「氷温域」とは、0℃以下、氷結点までの未凍結温度域である。

・「氷温技術」とは、氷温域で食品の貯蔵や加工などを行うことである。

・「氷温食品」とは、氷温技術によって得られる高品質な食品である。

・「氷温機器」とは、氷温技術の導入を可能にする機器である。

2　氷温技術の特長

食品を保存する技術には、乾燥、塩漬け、あるいは香り（香辛料）を用いる方法などが知られているが、生鮮食品を保存する場合は、食品を低い温度に保つ方法が有効である。

一般的なのは冷蔵と冷凍であり、どちらも食品の天然のすばらしさ、おいしさの経時的な低下を抑制することを目的としている。しかし、冷蔵では生の状態を保てるものの、温度が比較的高い分だけ細胞の働きは活発で鮮度落ちが早く、貯蔵期間は短期間に限られてしまう。

一方、冷凍は安全・衛生面で優れた技術といえるが、細胞内の水分が凍って大きな氷結晶を形成し、細胞を破壊するため、解凍時に栄養分やうま味成分などが流出することになる。

これらに対して氷温の温度域で食品を貯蔵すると、凍結による細胞破壊がないばかりでなく、雑菌が繁殖せず、生鮮品をもぎたて、とりたての状態で長期間保存できるというメリットがある。さらにこの氷温域で熟成・乾燥・発酵などを行うと、食品のアミノ酸類や糖類といった、うま味や甘味成分を増加させる効果がある（表3－1）。

なぜなら氷温は、冷蔵や冷凍のように人間サイドで決めた温度域で保存する、いわば物理的視点から発展してきた貯蔵技術と異なり、生物的な生死の限界点を基準として発展してきた技術であるからである。生鮮食品を氷温域で貯蔵することにより、呼吸の抑制が体内成分の変化を抑えるとともに、生体にとっては死を意味する凍結を、自らの力によって防御しようとするホメオスタシス

表3-1 氷温、冷蔵、冷凍の比較

	氷温	冷蔵	冷凍
温度域	0℃からものが凍る寸前までのマイナスの温度領域。	0℃よりプラスの温度領域（具体的には5℃前後）。	0℃からマイナスの温度領域（具体的には−18℃以下）。
貯蔵期間	冷凍より貯蔵期間は短いが、冷蔵と比較すると3～4倍の長期貯蔵が可能である。	生鮮食品の一時保管や短期間の貯蔵は可能であるが、長期貯蔵は困難である。	冷凍条件にもよるが、氷温、冷蔵より長期貯蔵が可能である。
品質特性	新鮮な味覚・風味を保持し、氷温熟成、乾燥処理技術などを施すことにより、うま味、甘みが向上し、旬の味をもつ各種氷温食品の開発が可能である。	風味・味覚の低下を抑制するのみで、味覚・風味の向上効果などは期待されず、長期間では腐敗する。	凍結時に起こるミネラルの不溶化や、解凍時のドリップ流出に注意を要する。
設備費、電気料金について	設備費		
	仕様、容積（大きさ）、使用温度範囲などで異なるが、コスト的には、概して、冷凍＞氷温≧冷蔵である。		
	電気料金		
	冷蔵庫、氷温庫、冷凍庫の年間の電気料金（1坪、3坪、5坪、10坪および15坪の平均値）で比較すると、概して、冷蔵1に対し、氷温では1.19、冷凍は2.46である。		

(Homeostasis・生体恒常性維持機能）が働き、鮮度保持や品質向上につながると考えられる。

3 各食品の氷温貯蔵

食品にはそれぞれの氷結点がある。氷結点は果実、野菜、魚など種類によって異なり、また、収穫場所、収穫時期によっても変化する。そして耐寒性ときわめて深い関係をもっている。

氷温貯蔵は、0℃からそれぞれ食品の氷結点までの未凍結のマイナス温度域、すなわちそれぞれの氷温域で生きた状態のままで食べものなどを保存しようとするものである。

これまで、数え切れないほどの農畜水産物の品目について、その生育ステージや収穫場所、収穫時期別に氷温貯蔵適性を調査した結果、氷温貯蔵はその温度、湿度、包装、大気組成などの貯蔵環境条件の検討がきわめて重要であり、貯蔵中の品質に大きな影響を与えることが明らかとなっている。

以下、私たちの氷温貯蔵に関する研究成果の一端を紹介しよう。

(1) 果実・野菜の氷温貯蔵

①日本ナシ

氷温での貯蔵性を明らかにするために日本ナシの氷結点と糖度の関係を調べると、屈折計示度(糖度)と氷結点の相関から、日本ナシの氷結点はだいたいマイナス1・0℃からマイナス2・0℃の範囲にあること、ならびに屈折計示度と氷結点の間にはマイナス0・8237というきわめて相関係数の高い関係がある。

これを品種別にとらえたところ、「二十世紀」、「新世紀」のように糖度10度前後と屈折計示度の低いものが氷結点はマイナス1・0℃付近と高く、糖度が12度と高くおいしいナシということで栽培面積が増加している「豊水」、「幸水」、「新水」のいわゆる三水が、氷結点マイナス1・5℃以下と低い。

このことから日本ナシの氷結点には品種による差があり、この品種の傾向から、0℃以上の貯蔵においては比較的貯蔵性が高いといわれる「二十世紀」、「新世紀」が、逆に0℃以下では耐寒性ならびに耐凍性が低いことがうかがわれる。

一方、糖度が高くて甘いが、常温のプラス側の温度の貯蔵では日持ちの悪いことが難点とされる三水は、0℃以下では逆に耐寒性や耐凍性が高くなるものと思われる。つまり、糖度の高いものほど氷結点が低く、氷温貯蔵適性が高いと考えられる。この点からみると、氷温貯蔵は完熟したおいしい果実や野菜の貯蔵に最適な方法と推察することができる。

実際の品種別貯蔵性試験で、その推察がみごと証明された。表3-2に示すように、常温においては「二十世紀」は貯蔵性が良好で、「新水」、「幸水」は1カ月で腐敗が顕著に見られ、日持ちは著しく悪い。逆に氷温においては、「二十世紀」は6カ月ごろから芯の褐変が始まるのに対し、「新水」では9カ月経過後もまったく障害を示さず、「豊水」も6カ月間は良好であった。このことから、「新水」や「豊水」などの糖度の高い品種ほど氷温貯蔵適性が高いといえる。さらに敷衍《ふえん》すれば、同じ品種であっても、一般に高品質とされる高糖度のナシのほうが貯蔵温度を低く設定す

表3-2 日本ナシの品種別貯蔵性

貯蔵温度	項目	新水(カ月) 1	2	3	6	9	幸水(カ月) 1	2	3	6	9	豊水(カ月) 1	2	3	6	9	二十世紀(カ月) 1	2	3	6	9
氷温(−1℃)	芯部褐変			−	−	−			−	±	♯			−	−	+			−	♯	♯
	腐敗			−	−	−			−	±	±			−	−	+			−	−	−
冷蔵(+1℃)	芯部褐変			−	+	+			−	−	+			−	−	♯			−	−	♯
	腐敗			−	−	−			−	−	+			−	+	+			−	−	−
常温(+10℃)	芯部褐変	♯	♯				+	♯				−	−				−	−			
	腐敗	−	−				−	−				−	−				−	−			
常温(+20℃)	芯部褐変											−					+				
	腐敗	♯					♯					+					−	♯			

−：なし，　±：わずか，　+：あり，　♯：著しい

ることができ、より長期間貯蔵が可能であることも示唆している。

②柿

柿は東亜原産の果実で、現存する品種は1000種以上に及び、大きく分けると甘柿と渋柿になる。柿特有の渋味の本体はタンニン成分で、未熟な甘柿や渋柿に多い。完熟した渋柿のタンニンは可溶性の状態で存在するため、生食するためにはドライアイスやアルコールなどを用いて渋抜き（脱渋）する必要がある。

一方、甘柿のタンニンは、大部分が縮合して高分子の状態となり不溶性であるので、渋味を示さない。ここでは、鳥取県の特産品である花御所柿（甘柿）および西条柿（渋柿）を脱渋した「合わせ柿」を用い、試験を行った。

冷蔵貯蔵および氷温貯蔵中の花御所柿の状態を調査したところ、冷蔵貯蔵区は貯蔵14日目に若干の軟化が確認され、貯蔵60日目にはわずかな荷重で容易に潰れてしまうほど軟化が進行していた。一方、氷温貯蔵区は貯蔵90日目においても貯蔵開始時の硬さを保持しており、良好な状態であった（写真3‐3）。そこで、貯蔵中における硬度の経日的変化を調査したところ、冷蔵貯蔵区は貯蔵14日目以降から硬度の著しい低下が認められ、貯蔵60日目には1㎏以下になっていた。一方、氷温貯蔵区は貯蔵90日目においても硬度の低下は認められなかった（図3‐4）。

次に、脱渋した西条柿を氷温貯蔵し、貯蔵3カ月目の状態を調査したところ、健全果率は73％（56果中41果が健全果）であった。通常の冷蔵貯蔵では脱渋した西条柿の貯蔵限界は1カ月間とされていることから、大幅な貯蔵期間の延長が明ら

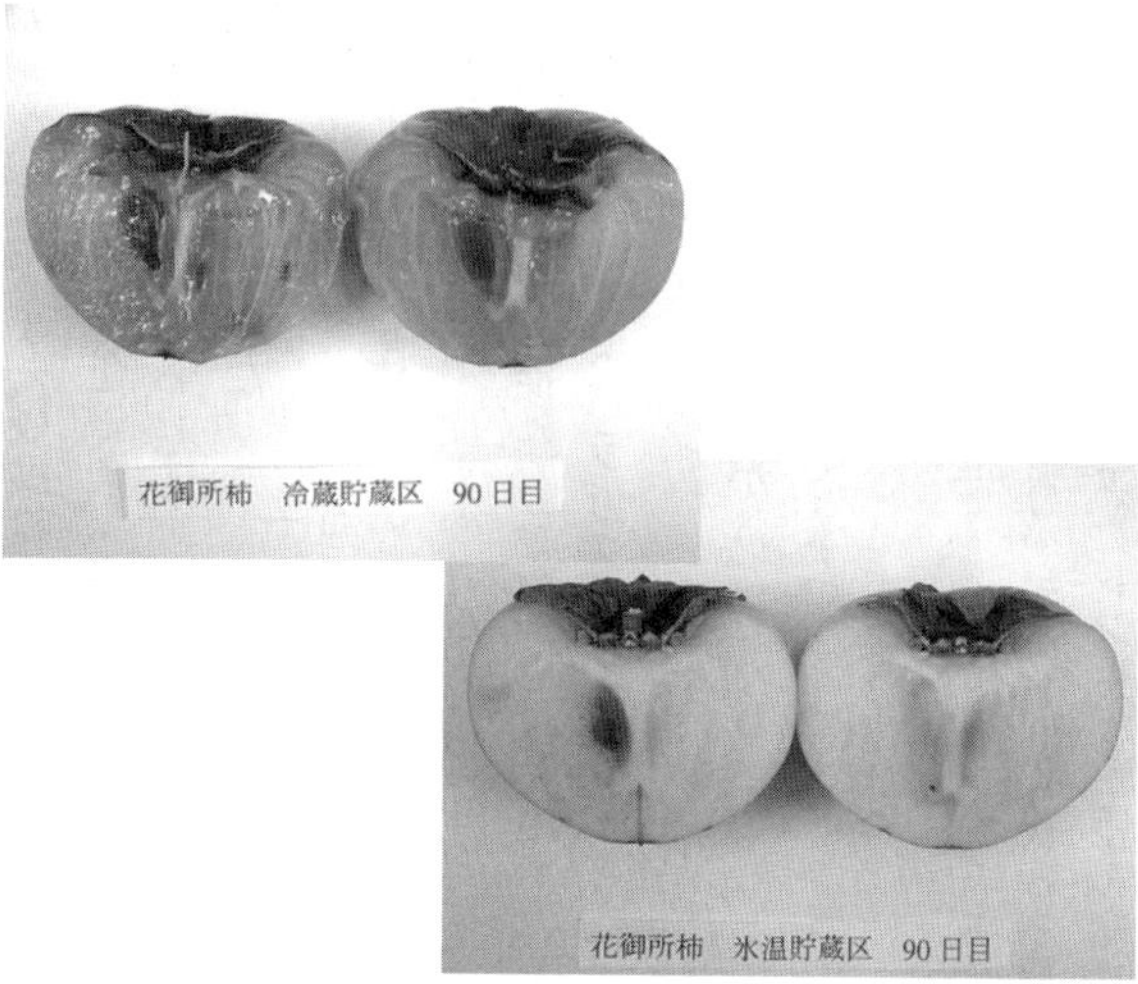

写真3-3 貯蔵90日目の花御所柿の状態

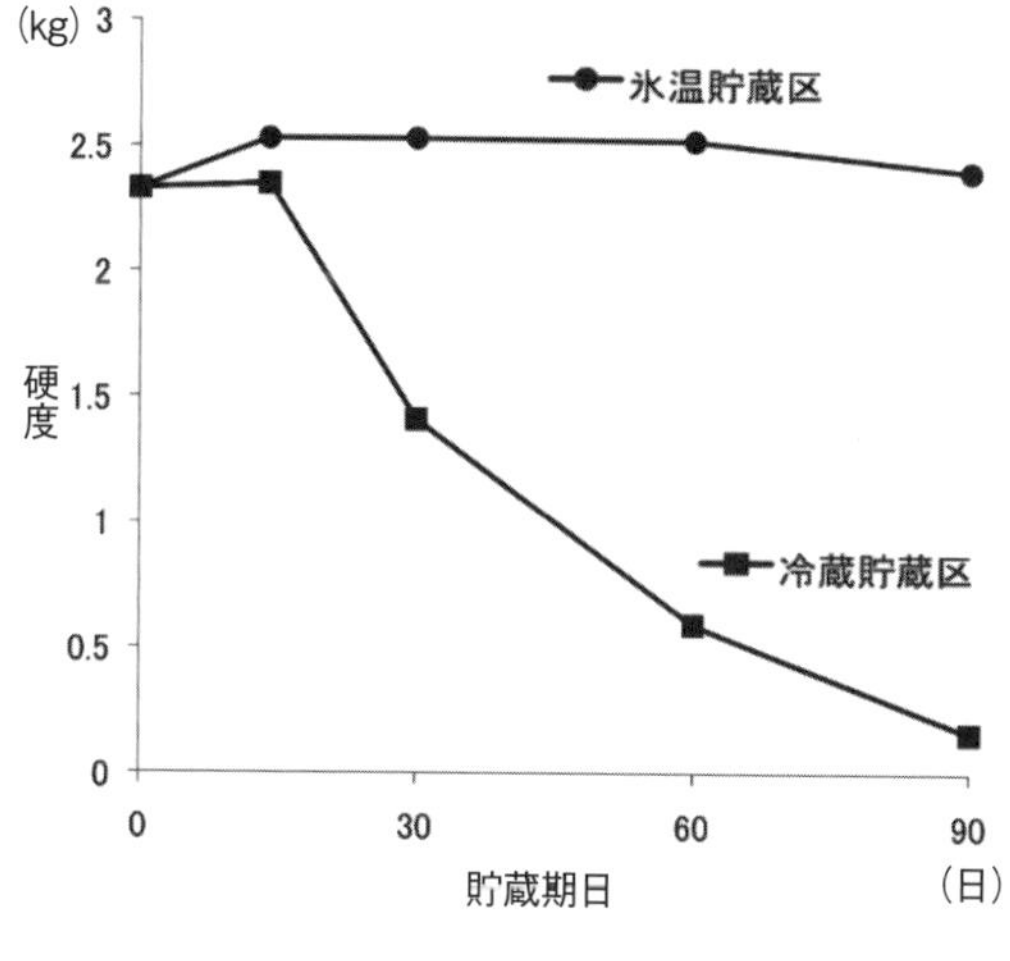

図3-4 貯蔵中における花御所柿の硬度の変化

かとなった。また硬度については、氷温貯蔵することで1・7㎏と高く、3カ月間の貯蔵による大きな低下は認められず、しっかりとした果肉の状態を維持していた。

このことから、長期貯蔵が困難とされている甘柿および合わせ柿についても氷温貯蔵適性が高いことが確認され、従来の貯蔵方法に比べて、より長期間貯蔵が可能になるものと期待された。

③グリーンアスパラガス

グリーンアスパラガスに要求される品質はきびしい。緑色で先端部が密に重なり、姿としてはまっすぐで太く、しかも柔らかくてすじっぽくないことが要求される。

貯蔵という観点からみると、生育途中で茎が柔らかいうちに収穫されるため、収穫後の水分の蒸散が激しく、しかもエチレン生成が盛んなため収穫直後から肉質が硬くなり始める。またこのような鮮度低下が進行すると、首折れ、軟化、褐変、カビの発生も見られるようになる。

貯蔵温度がアスパラガスの鮮度に及ぼす影響はきわめて大きく、それだけに氷温貯蔵への期待が大きい野菜の一つである。また、北海道では貯蔵に加えて、東京市場、大阪市場への出荷（輸送）中の鮮度低下も大きな問題となっている。そこで、貯蔵温度と包装形態に関する試験を行った。

北海道富良野産、規格Lのアスパラガスを試料に用いた。氷結点を調べたところ、マイナス1・4～1・8℃であった。ビタミンC処理を施して氷結点を降下させた後、マイナス0・5℃設定、プラスマイナス0・3℃の精度の氷温庫に貯蔵した。

包装形態として、ポリエチレン（0・02㎜）

密封区（Ⅰ）、アスパラパックシュリンク包装区（Ⅱ）、ポリエチレン針穴あき区（Ⅲ）、氷温乾燥処理後ポリエチレン包装区（Ⅳ）の４試験区について、その効果を検討した（表３－５）。

まず切り口の状態についてみると、（Ⅰ）は貯蔵30日目で一部切り口に傷みが発生し、それ以降急激に進行した。（Ⅱ）では20日目で傷みはじめ、それ以降は徐々に悪化していった。（Ⅲ）では25日目に一部軽い傷みが発生し、（Ⅳ）は15日目で切り口部の状態が悪化した。

次に色調の変化についてみると、（Ⅰ）では30日目で一部の試料に褐変が観察された。これはガス障害によるものと推察された。（Ⅱ）、（Ⅲ）は35日以降になると色調が薄くなる傾向を示した。（Ⅳ）は乾燥させる時に生じたスレで色調が変化し、25日過ぎには茶色に褐変した。

表3-5 氷温貯蔵中（−0.5℃）の包装形態別外観、食味について（グリーンアスパラガス）

日	5	10	15	20	25	30	35	40
（Ⅰ）ポリエチレン密封								
切り口の状態	A	←	←	←	←	A′	C′	D°
色	A	←	←	←	←	一部変色 B	C	B′
穂先の状態	A	←	A′	←	B	B′	←	C°
その他の傷み	A	←	←	←	←	←	B	C
食味	A	A′	A	B	A′	B	—	—
（Ⅱ）アスパラパックシュリンク包装								
切り口の状態	A	←	←	B°	←	B	C	D′
色	A	←	←	←	←	←	B	C°
穂先の状態	A	←	B	←	B′	C	C	D
その他の傷み	A	←	←	←	←	B	B′	D
食味	A	←	←	←	A′	B	—	—
（Ⅲ）ポリエチレン針穴あき								
切り口の状態	—	A	←	←	A′	B	C°	D
色	—	A	←	←	←	←	B′	←
穂先の状態	—	A	A′	B°	←	C	C′	D°
その他の傷み	—	A	←	←	←	B	C	D
食味	—	A	←	A′	←	B′	—	—
（Ⅳ）氷温乾燥処理後ポリエチレン密封								
切り口の状態	A′	←	C	B′	←	B	B′	D
色	A	←	A′	←	B′	C°	←	B′
穂先の状態	A′	←	←	B	C	C′	←	←
その他の傷み	A	←	←	←	←	←	B	C
食味	A	←	←	B	B′	C	—	—

Aとても良い、B良い、C悪い、Dとても悪い（°よい、′わるい）

穂先の状態についてみると、（Ⅰ）は約20日目頃まで良好の状態を示したが、25日目以降は順次軟化し、40日目には一部傷んだ。（Ⅱ）は15日目位から柔らかくなり、30日目には一部首部からカビが発生した。（Ⅲ）は約20日目で軟化し、35日目で傷みがでてきた。（Ⅳ）は約20日目で穂先の状態が悪くなりはじめ、25日目で一部傷みが発見された。

以上の結果をまとめてみると、氷温貯蔵における貯蔵可能期間は、（Ⅰ）で25～30日間、（Ⅱ）で約15日間、（Ⅲ）で15～20日間、（Ⅳ）で約10日間となり、（Ⅰ）がもっとも良好な結果を示した。

④ニンニク

ニンニクの長期貯蔵において、発芽を抑制する芽止め剤（植物生長調整剤）であるマレイン酸ヒドラジドが、不純物として含まれるヒドラジンの発がん性の問題により、使用できなくなった。芽止め剤を使用せず貯蔵した場合、ニンニクのリン片内での芽の伸長は、収穫後50日（乾燥後30日）頃から見られ、リン片内の芽の本葉の色は収穫後60日（乾燥後40日）以降、緑色に変化する。

また、ジャガイモや玉ネギの発芽防止を目的として使用されている食品照射については、ニンニクにおいても研究されており、発芽抑制効果が確認されているものの、日本国内での適用は未だ許可されていない。

そこで、氷温貯蔵による発芽抑制効果の検討を行うため、青森県産ニンニク（品種・福地ホワイト6片）を用い、冷蔵貯蔵および氷温貯蔵を行い比較した。

貯蔵3カ月目（乾燥後90日目）の芽の状態を観察したところ、冷蔵貯蔵区の芽は22㎜伸長していたのに対し、氷温貯蔵区の芽は６㎜しか伸長しておらず、収穫時の鮮度を保持していた。さらに、冷蔵貯蔵区の本葉については、緑色に変化しているのが観察された（写真３‐６）。

また、遊離全糖含量は、冷蔵貯蔵区が7.0g/100gであったのに対し、氷温貯蔵区は8.1g/100gであり、氷温貯蔵することで遊離全糖含量が増加しているのが認められた。

(2) 水畜産物の氷温貯蔵

①活ズワイガニ

ズワイガニ（雄）を生きたまま氷温域（マイナス１℃）に70日間貯蔵した結果、味、肉質、色調、身の詰まりなどは、冷蔵（５℃）、凍結（マイナス40℃）に比較して氷温貯蔵したものがもっとも良好であった（表３‐７）。ズワイガニ（雄）は

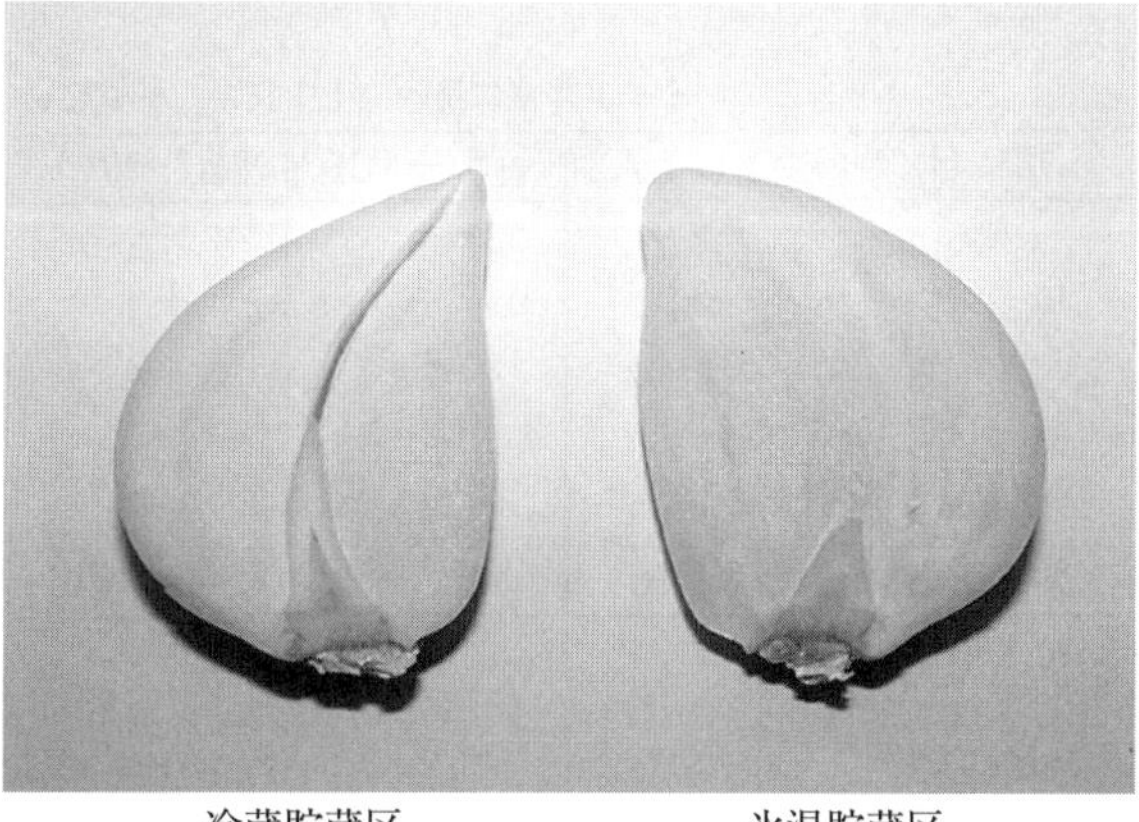

冷蔵貯蔵区　　氷温貯蔵区

写真3-6 貯蔵3カ月目のニンニク（内観）の状態

氷温域で200日以上、北海道産の毛ガニは同じく氷温域で100日以上生存した。

②**マグロ（冷凍）**

冷凍メバチマグロを（Ⅰ）冷蔵区（1℃プラスマイナス2・0℃、相対湿度・Relative Humidity〔以下RHと略〕68%プラスマイナス15%）、（Ⅱ）氷温区（マイナス0・8℃プラスマイナス0・3℃、RH95%プラスマイナス1%）、（Ⅲ）部分凍結区①（マイナス2・0℃プラスマイナス1・5℃、RH75%プラスマイナス7%）および（Ⅳ）部分凍結区②（マイナス3・5℃プラスマイナス0・7℃、RH85%プラスマイナス5%）の4試験区について解凍後、貯蔵性を比較した（表3-8）。

鮮度について、鮮度指標の一つであるK値を比較した。K値（%）とは、

表3-7 氷温貯蔵カニ（ズワイガニ）官能検査（70日貯蔵）

++：非常に良い　+：良い　−：悪い

項　目	氷温（−1.0℃）	冷蔵（+5℃）	凍結（−40℃）
味	+	−	−
匂　い	+	+	++
肉　質	++	+	−
色　調	++	+	−
身の詰まり	+	−	−
備　考	活　魚	活　魚	冷　凍

表3-8 解凍・貯蔵温度による表面状態の変化（メバチマグロ）

	温度	相対湿度	貯蔵日数 1日	2日	4日	7日	10日
（Ⅰ）冷蔵区	+1.0±2.0℃	68±15%	・ドリップなし ・色鮮やか ・鮮紅色	・身崩れがしている。ドリップ生成 ・鮮紅色	・ドリップ生成増大 ・血合い肉の部分からだんだん黒ずんできた ・刺身限界	・ドリップが大量に出て、さらに乾燥減量も著しい ・暗黒色化、悪臭発生	・黒褐色化が著しく、悪臭激化、貯蔵１日と比較して10%減量がある
（Ⅱ）氷温区	-0.8±0.3℃	95± 1%	・解凍終了、柔らかくなっている ・ドリップなし	・切り口は一番紅い	・鮮紅色でメト化進行度も小さい	・ドリップは出たが、色良好	・ドリップが出終わり,乾燥減量もないため重量減少は最少になった ・色も依然と良好で、メト化率進行度も小さい ・商品価値あり
（Ⅲ）部分凍結区①	-2.0±1.5℃	75± 7%	・部分凍結状態 ・着霜	・-3.5℃区より色は悪くないが、退色傾向である	・退色がさらに進む。表面は若干霜がついている	・-0.8℃区とのメト化率の差は20%以上ある	・褐変退色はかなり進行しているが、K値からみた鮮度は良好 ・しかし、商品価値消失
（Ⅳ）部分凍結区②	-3.5±0.7℃	85± 5%	同上	・退色が著しく白っぽい	同上	同上	

（イノシン＋ヒポキサンチン）／（ATP＋ADP＋AMP＋イノシン酸＋イノシン＋ヒポキサンチン）×100

で算出され、この値が小さければ小さいほど鮮度が高いことを示している。

さて、マグロの貯蔵温度が低温になればなるほどK値上昇速度が遅く、鮮度低下が少なかったが、(Ⅱ)と(Ⅲ)との比較においては、貯蔵開始後4日間はK値上昇速度に大きな差は認められなかった。

また、一般生菌数および低温細菌数を比較したところ、氷温区では貯蔵11日目までは大きく増加することはなかったが、冷蔵区では増加し、部分凍結区は減少傾向を示した。したがって、鮮度と細菌数については、より低温で管理することにより腐敗しないで、長期間鮮度が保持されるものと思われた。

褐変退色について、ミオグロビンのメト化率（全ミオグロビン中に占めるメトミオグロビンの割合で酸化の指標となる）を測定したところ、その進行速度は（Ⅰ）、（Ⅳ）、（Ⅲ）、（Ⅱ）の順に大きく、氷温区がもっとも退色を抑制する効果が高いことがわかった。さらに解凍中のドリップ量を重量変化で調査したところ、冷蔵区は氷温区、部分凍結区に比べてドリップが経日的に多くなり、商品価値を著しく低下させていることが確認された。

以上の測定結果は、表3・8の解凍・貯蔵温度による表面状態の変化と一致している。総合的な解凍マグロの商品価値消失時間は、（Ⅰ）で3日、（Ⅳ）で3〜4日、（Ⅲ）で5〜7日、（Ⅱ）で10日以上と判断された。

③牛モモ肉

牛モモ肉の氷温貯蔵中の湿度やラッピングの方法が、肉の品質に及ぼす影響について検討した(表3-9)。

(Ⅰ)氷温・高湿度区(ラップなし)、(Ⅱ)氷温・ラップ区、(Ⅲ)氷温・低湿度区(ラップなし)および(Ⅳ)冷蔵区(ラップなし)の4試験区についてK値、一般生菌数、重量変化を調査したところ、氷温域でラップなしの(Ⅰ)、(Ⅲ)がK値、一般生菌数において20日後でも良好な状態で貯蔵され、(Ⅱ)、(Ⅳ)ではK値の上昇(鮮度低下)および一般生菌数の増加が著しかった。

しかし、ラップなしでは低湿度区における乾燥減量が激しく、また、ラップ区では乾燥減量はなくてもK値、一般生菌数の点で好ましくない。これらの結果により、氷温・高湿度・ラップなしの

表3-9 貯蔵温度別貯蔵状態の観察

(牛モモ肉：即殺品)

	温度	相対湿度	ラップ有無	貯蔵日数 5日	15日	20日
(Ⅰ)高湿度区	−1.5±0.3℃	95±1%	なし	色良好	5日とほとんど変化なし	やや暗色化
(Ⅱ)ラップ区	−1.5±0.7℃	85±8%	あり	表面が少し褐色がかる	褐色が進む	暗色化
(Ⅲ)低湿度区	−1.5±0.7℃	85±8%	なし	脂肪が黄褐色化	やや褐色がかる	乾燥が進む
(Ⅳ)冷蔵区	0.5±1.0℃	87.5±5%	なし	ドリップ少量生成	ドリップが出終わり、乾燥による減量が著しい。カビ、細菌が発生しはじめた	カビ、細菌、さらに増殖ネト発生、腐敗臭

状態が総合的にもっとも貯蔵性の良いものと判断された。この結果は、表3 - 9とともよく一致している。

(3) 加工品の氷温貯蔵

加工食品では、食塩、天然調味料などの使用が前提となり、これらの使用量にともない、氷結点は降下する。そのため、氷温という0℃以下の未凍結温度域の拡大につながり、より低温にて凍結させないで貯蔵することができるので、さらなる長期間の高鮮度保持を可能にする。つまり、氷温適性が向上するといえる。

さらに、0℃以下のより低温にて凍結させないで貯蔵すると、有害微生物などの増殖が著しく抑制され、安全でしかも新鮮な食品の製造が可能となる。

実際、原料をあらかじめシラップ液（Winter Syrup）、食塩水（Winter Salt）、アルコール液（Winter Alcohol）などの不凍液（氷点降下液）に浸漬し、自己の氷結点をさらに降下させて貯蔵する、いわば生詰め半調理食品の製造が可能となる。

現在市販されている多くの加工食品では、保存性を高めるためにさまざまな化学物質を添加したり、細胞を破壊した後に調味液で味付けをするといった製造方法が見受けられるが、そうした加工食品と氷温貯蔵による加工食品とは本質的に異なるのである。

①氷温貯蔵食品の品質

動物性食品を氷温域で貯蔵した場合の品質について検討した。

ウルメイワシ（5％食塩添加）の鮮度について、

冷蔵区（5℃）、氷温区（マイナス3℃）、凍結区（マイナス20℃）の3試験区でK値の経時変化にて比較検討したところ、氷温区の鮮度はかなり良好な状態に保持されていることがわかった（図3‐10）。

魚肉（マイワシ）、鶏肉の腐敗に関係する揮発性塩基窒素の変化についても、氷温区はK値の経時変化と同様、凍結区にきわめて近い数値で推移するのに対し、冷蔵区では20日頃から急激な増加を示した。さらに、腐敗に関与するトリメチルアミンの生成についても、貯蔵温度別に調べてみたところ、氷温区では凍結区にきわめて近い数値で推移するのに対し、冷蔵区では20日目頃から急激な増加を示した。氷温区では腐敗が抑制されているものと推察できる。

一方、旨味に関与するアミノ態窒素については、

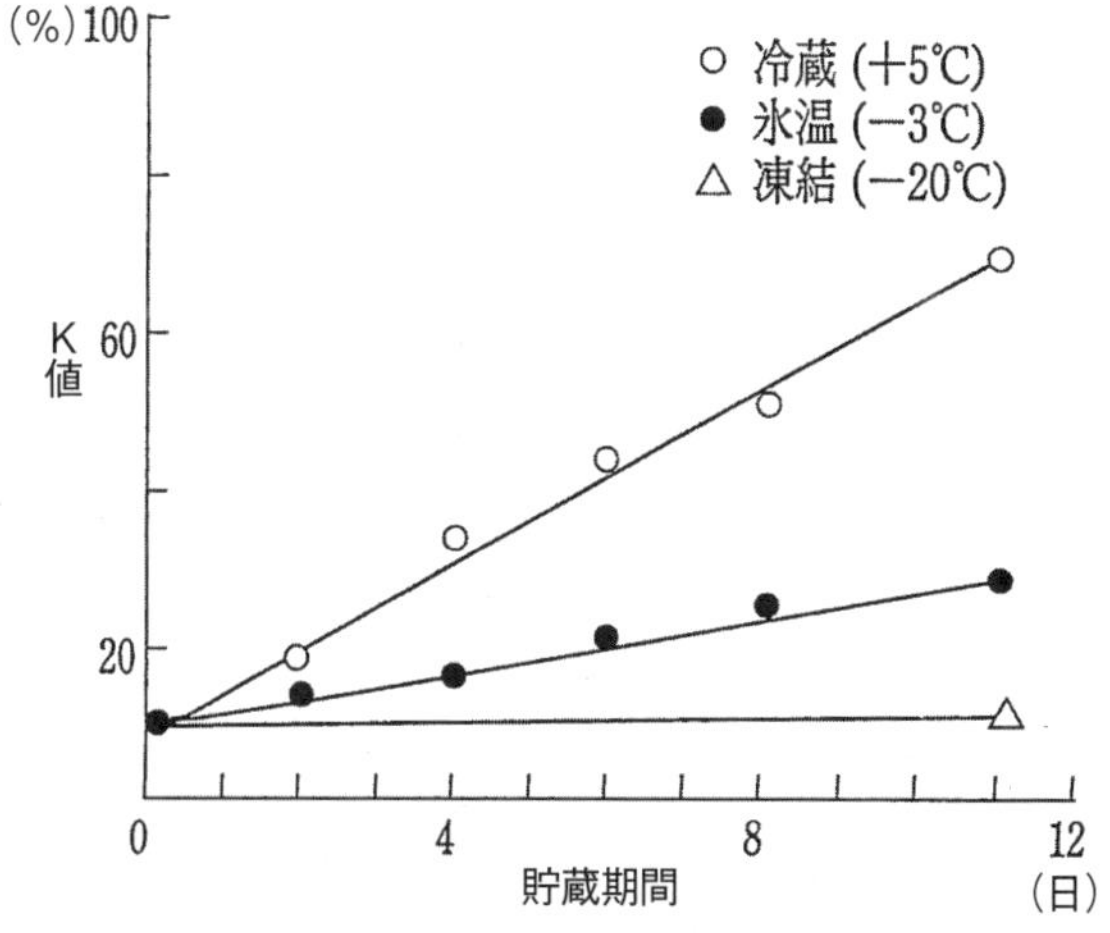

図3-10 貯蔵温度と鮮度（K値）の変化
（ウルメイワシ　食塩5%添加）

冷蔵区、氷温区では魚肉、鶏肉いずれも貯蔵日数の経過とともにその量が増大している。

以上のことを総合すると、氷温域においては揮発性塩基窒素やトリメチルアミンの生成は少なく、腐敗が抑制される一方、味に関与するアミノ態窒素が増加しており、おいしい貯蔵食品の製造につながることが明らかとなっている。

②氷温貯蔵食品の安全性

氷温貯蔵食品が加工食品である場合、とくに微生物の問題が重要となる。冷凍食品では細菌数などきわめて厳しい規制を受けているが、0℃以下で凍っていない食品ということになると、はたして安全性がどうか確認しておく必要がある。

カレイの一夜干しの各種微生物の消長をみると、細菌数は冷蔵では貯蔵直後から急速に増加し、2週間経過時に10^9個／gに達するが、氷温では凍結とほとんど同じで4週間後も初発菌数と同程度で推移している（図3‐11）。

さらに、低温細菌においても増殖の有無について貯蔵温度別の消長をみると、前述の細菌数と同様に、冷蔵では著しく増殖したが、氷温では凍結とあまり変わらない程度に抑制されている。

このような乾製品ではしばしば問題となる真菌（カビ）の消長についても、氷温は凍結とほとんど変わらず4週間は増殖が抑制されたのに対し、冷蔵は2週間で10^8個／gまで増殖し、著しい差を示している。

こういった傾向は野菜漬物の場合もほぼ同様と思われる。細菌ならびに低温細菌については説明を省略するが、とくに野菜漬物で問題となる産膜酵母の関係から酵母の消長をみると、氷温域のマイナス3℃ならびにマイナス6℃では、菌数が1

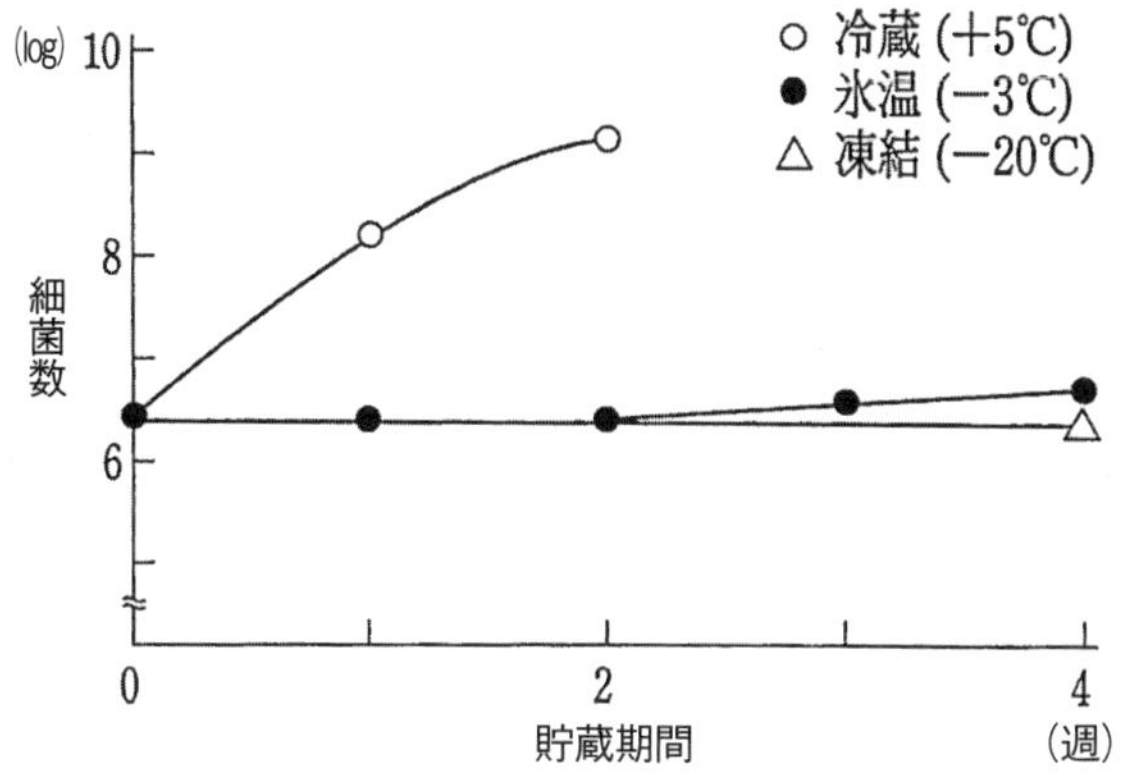

図3-11 貯蔵温度が細菌数に及ぼす影響(カレイ一夜干し)

00分の1程度に減少した後、60日間はそのままで一定となる傾向を示したのに対し、5℃では再度増加した後、ほぼ一定となる傾向が観察され、酵母の活動も氷温域で抑制されることが明らかとなっている。

　また、食中毒の原因となる病原性細菌について鶏肉を対象として検討すると、大腸菌群に関しては、冷蔵（5℃）では除々に低下する傾向にあるが、氷温（マイナス3℃）、凍結（マイナス20℃）では減少が速く、とくに氷温では初期の減少が凍結よりも速いといった傾向が観察された。

　ブドウ球菌については大腸菌群の場合とほぼ同様の傾向で、氷温と凍結は減少の傾向を示し、とくに氷温では初期の減少が速い。

　このように氷温域において、微生物の増殖が抑制され、とくに病原性細菌が減少するということは、この温度域が非常に衛生的な領域であって、この領域では安全性の高いおいしい食品の開発が十分に可能であると思われた。

③氷温加工食品の流通時の安全性

氷温貯蔵していた加工食品が、流通を経て家庭用冷蔵庫で貯蔵されることになると、保存温度は氷温域からおよそ5℃のプラス温度域まで昇温することになる。この温度変化は食品の安全性にどのような影響を及ぼすのだろうか。

30日間氷温貯蔵（マイナス3℃、マイナス6℃）した野菜漬（津田カブ）を現状の家庭用冷蔵庫（5℃）に貯蔵した場合、心配される微生物（中温菌、低温細菌、酵母）の挙動と安全性について検討した。

その結果、まず中温菌の挙動については、30日以降増殖傾向を示す5℃区に対し、氷温貯蔵区では5℃に昇温しても逆に減少する傾向が認められた。

一方、低温細菌についてみると、5℃区は中温菌の挙動とほぼ同様の傾向を示したのに対し、氷温貯蔵区は両温度区とも昇温後10日までは減少傾向を示した。しかし、マイナス3℃区のみはそれ以後急激に増殖する傾向を示した（図3－12）。酵母についても、低温細菌の挙動にほぼ類似する傾向を示したが、マイナス3℃区は昇温時点から急激に増殖する傾向を示した。

以上のことから、中温菌は氷温貯蔵（マイナス3℃、マイナス6℃）することによって、マイナス3℃、マイナス6℃のいずれの区とも、5℃に昇温しても菌の減少が認められたのに対し、低温細菌と酵母はマイナス3℃の貯蔵では5℃に昇温させた場合、再び増殖する傾向が観察された。

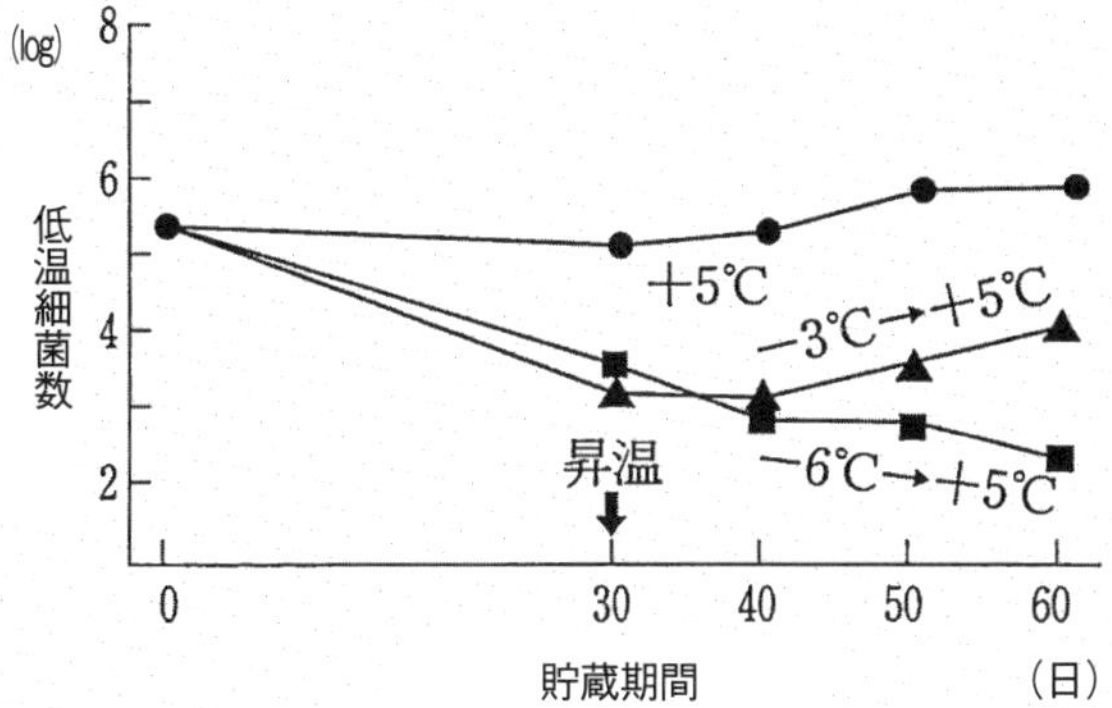

図3-12 野菜漬（津田カブ）の貯蔵ならびに流通時の低温菌の消長

氷温貯蔵後、昇温させた場合の微生物（酵母、低温細菌、中温菌）の挙動について、いずれの微生物とも氷温域での温度を降下させればさせるほど、それぞれの微生物は静止または死滅する傾向がうかがわれた。このことより各種食品に存在する有害微生物を減少させるための前処理技術として、この氷温域が活用されることも考えられる。

(4) 氷点降下剤の利用による氷温域の拡大

先にさまざまな果実、野菜、水畜産物の氷温貯蔵について検討を加えてきた。食品によって氷温貯蔵に対する適性に違いのあることや、貯蔵条件に違いのあることがおわかりになったと思う。食品のなかには、凍結に対してきわめて耐性の低いものもある。ただし、氷点降下剤などを用いて、凍結に対する耐性を高めていくことができれば、氷温貯蔵の可能性はさらに広がるはずである。

①二十世紀ナシのシラップ漬け

二十世紀ナシの皮と芯を除いた可食部を4つ割にして、周囲を氷点降下剤としてシラップ液で覆ったスタイルの食品について、貯蔵温度別に糖の浸透を検討したところ、冷蔵（5℃）より氷温（マイナス2℃）のほうがわずかに遅れる傾向を示すものの、果肉の屈折計示度は、両温度区とも貯蔵期間の経過とともに高くなり、8〜9週間経過時点で約17％に達した。

果肉硬度については、両区とも製造時の2・7kgから急激に低下するが、その低下度合いは氷温区のほうが緩やかで、8週間経過時点で約1・5kgになるのに対し、冷蔵区は5週間で同じ数値を示した。したがって、低下時期が約3週間遅れた氷温貯蔵の方が、果肉硬度の保持に有効であるといえる。

生詰めのシラップ漬けという食品では、生の食感を持たせることが難しいという問題がある。シラップ液の糖濃度を変えると、糖度が高い場合には果肉が脱水し、縮んでしまい、また、逆に糖度を低くすると膨張が著しくふやける。そこでナシの表層を酵素処理して浸透圧を制御することにより、生果実の歯切れの保持を検討した。

植物性多糖類分解酵素であるセルラーゼ、ヘミセルラーゼ、ペクチナーゼの3種の酵素を使用して処理したところ、果肉硬度は対照と比較して3試験区とも良好に保持され、とくに食感の点でペクチナーゼが有効であることがわかった。酵素処理は可溶性成分である単・少糖類などを増加させて氷結点を降下させると同時に、氷温貯蔵温度をより低温に引き下げ、鮮度をさらに高く保持することが可能となるのである。

②耐寒性付与技術による氷結点の調節へ

氷結点を調節するには、氷点降下剤を用い人工的に氷結点を下げる方法と、ストレス付与により耐寒性を向上させる方法がある。氷結点調節と耐寒性付与を使い分けたのは、耐寒性は対象が生鮮食品など生体であり、生きていなければ耐寒性付与はできないものと考えるためである。したがって、生鮮食品については氷点降下剤を使用するものとは異なる方法の開発が進んでいる。たとえば、氷温域で生鮮食品に乾燥、光線照射、雪との接触処理などの物理的ストレスを付与すると、耐寒性を向上させることができる。

耐寒性の付与技術は氷点降下剤による氷結点調節技術からスタートし、これが漬物などの加工技術として生かされてきた。そして生鮮食品に対しては乾燥処理などストレスを付与し、よりいっそうの高鮮度保持を可能にするような技術にまで発展、応用してきた。これはとりもなおさず、より自然の生命現象に即したかたちで耐寒性を付与することになる。

4 氷温熟成

漬物や麺類の熟成は5～10℃、酒や酢、パンなどでは30～40℃と、一般的に熟成はプラスの温度域で行われている。しかしこのような温度域で熟成されるとうま味と鮮度は一致せず、うま味は増えるものの鮮度や品質は低下する。これに対して氷温域で熟成すると、腐敗の進行を抑制しながら正常な熟成のみを促進することができるのである。

たとえば食肉のなかでもとくに牛肉は、ある程度の日数をおいて熟成（自己消化）させてからのほうがうま味は増し、柔らかくなるが、常温では自己消化が進むとともに細菌が繁殖し、ネトの発生とともに悪臭を放ち腐敗してしまう。ところが氷温で管理すると、細菌の発生や腐敗を抑制したままじっくり熟成を進行させるので、新鮮なまま味覚が向上する。

さらに興味深いことに、氷温熟成した牛肉は、健康機能成分であるイミダゾールジペプチド（カルノシン）が高含有量であることが明らかになっている。たとえば、和牛肉（部位：リブロース）を冷蔵域（2・0℃）および氷温域（マイナス1・0℃）で40日間熟成処理を施した時のカルノシン含量を分析した結果、熟成前（425.8mg/100g）に比べて、冷蔵熟成処理後では約17％減少していた（357.1mg/100g）のに対し、氷温熟成処理後は約5％しか減少しておらず（405.0mg/100g）、熟成処理後も高い含量を保持することを確認している。

漬物に関しても同様である。一般に漬物は腐敗を防ぐために塩分を多くしたり、防腐剤などの添加物を使用したりする場合がある。しかし氷温域で漬けると腐敗の原因となる細菌の増殖が抑制され、素材の鮮度が長期間保てるために防腐剤を使わなくてもよく、低温で無添加の漬物に仕上がる。しかも氷温域でじっくり熟成させるため、野菜本来の歯ごたえや風味が味わえる。

麺の品質を左右するコシも氷温域で強くなる。これは腐敗を抑制しながら、生麺のなかに存在する水分が氷温域でなじんだり、小麦粉やソバ粉、米粉などに存在する酵素群による加水分解反応などが複雑に関わり合ったりすることによるものと考えられる。大寒の時期に打った麺が味もよくコシが強いとされる伝承的な技法も、実は同じ理由によるものと思われる。

また、氷温域ではうま味と甘味に関与するアミノ酸が増加し、逆に苦味に関与するアミノ酸が減少するため、味覚のバランスとしておいしいと感じるものと思われる。

このように氷温、ないしは後述する超氷温域（氷結点以下でありながら未凍結状態を示す過冷却温度域）で熟成されたものは味、香り、テクスチャーが向上し、これらの食品を氷温熟成食品とした。

以上のように、氷温域で食品は熟成され、品質も向上するのだが、熟成に時間を要することがあるため、熟成効果の高い原料の選択や製造条件の再設定、製造作業の平準化など生産効率のいっそうの向上とコストダウンにつながる技術開発も重要となる。

前述の氷温熟成の概念は加工食品を対象としたものであるが、生鮮食品の高品質化、すなわち生体レベルでの氷温熟成効果も確認され、実用化されていることは非常に興味深い。

これまでに何度も述べてきたように、畜肉類、魚介類あるいは野菜・果実類といった生鮮食品を対象とした従来の低温技術としては、冷蔵法と冷凍法がよく利用されている。このうち、冷蔵法は、本来、生鮮食品が腐らないよう短期的な鮮度保持を目的とするものである。実際、昭和40年代に国レベルで導入が図られたコールド・チェーンも産地の鮮度をなるべく落とさないで大消費地まで運ぶことが目的であり、生鮮食品の糖度を向上させたり、おいしくしたりすることが目的ではなかった。また、冷凍では氷結晶による細胞の破壊、および解凍時の品質低下は承知の上で、冷蔵より長期間の鮮度保持を目的とするものであり、生体反応が起こりにくい反面、品質劣化を引き起こす酸化反応などが進みやすい環境下でもあるので、熟成という概念とは異なる方向性の技術であるといえる。

一方、これまでのさまざまな氷温研究から、氷点降下剤を用いることによって氷結点を降下させ、より低い温度による氷温貯蔵を行うことにより、さらなる鮮度保持や腐敗抑制の効果が期待されるといった理化学的な知見が得られている。しかし、実際、製造の現場で氷点降下剤を利用するとなると、食品添加物の問題もあり、食塩、糖類など限られたものの利用しかできない。

そこで、現在、氷点降下の応用研究の主流をなしているのは、氷温域で生鮮食品など生体に浸透圧変化や乾燥、光線照射、雪との接触処理などの物理的ストレスを付与することにより、糖類やアミノ酸類など可溶性成分を高め、結果として氷結点を下げていこうとするものである。

たとえば、葉ネギは雪をかぶるとヌメリが増し、甘味やうま味成分が引き出され、口あたりがよくなる。冬の旬の味、大寒の味は氷温の発想の原点であり、また冬の野菜が凍るまいとする生理作用と冬の旬の味覚の発現には、ある種の相関性が存在するのではと考えた。したがって、耐寒性の要因として氷結点の降下や、後に詳述するが、氷結点以下でも凍結状態を示さない過冷却温度域（超氷温域）の安定化、そして、旬の味覚の要因として糖類、アミノ酸類をはじめとする各成分の変化、および官能について検討した。

表3-13 美味呈味性遊離アミノ酸含量の変動

	スタート	5日	10日
冷蔵（+5℃）		64.85	68.28
氷温　（0℃）	64.08	67.63	68.41
超氷温(−1℃)		65.36	70.87

（%）

注　：アスパラギン酸、トレオニン、セリン、グルタミン酸、アラニンについて測定。

その結果、氷温域では水溶性ペクチンのような高分子量の化合物群の含量が増加し、超氷温域では糖やアミノ酸といった低分子化合物の含量が増加していることがわかった。なかでも、超氷温域で貯蔵した葉ネギでは、アスパラギン酸、トレオニン、グルタミン酸、アラニンなどの美味呈味性遊離アミノ酸含量が増加し（表3-13）、バリン、イソロイシンなどの苦味呈味性遊離アミノ酸含量が減少している。Ｂｒｉｘ糖度の上昇も確認され、官能的に冬の旬のネギの味覚に近いものを得ることが可能と考えられる。

さらに、冷蔵、氷温貯蔵および超氷温域で貯蔵した葉ネギをそれぞれ脂質画分、単・少糖画分および多糖画分に分け、生体成分の変動について調査したところ、氷温貯蔵では多糖画分の含量が増加し、超氷温域で貯蔵したものでは単・少糖画分が増加している。さらに興味深いことに、超氷温域で貯蔵した葉ネギから抽出した多糖画分の水溶液は、冷蔵あるいは氷温域で貯蔵したものと比較して、著しく過冷却状態を安定化することが明らかとなった。

なお、氷温貯蔵に加えて光（蛍光）を照射した葉ネギは、糖の代謝という観点から超氷温域で貯蔵した葉ネギと同様な傾向を示していた。

以上のことから葉ネギの耐寒性について、氷温域はその準備段階であり、超氷温域では耐寒性を発現しているものと考えられる。

このように氷温域、超氷温域で旬の味覚に限りなく近づくことから、耐寒性の発現機構と旬の味覚の発生機構の間には高い相関関係が存在するといえるのである。

以下、私たちの氷温熟成に関する研究成果の一端を紹介しよう。ただし、氷温熟成の効果は大きく分けて、加工食品の氷温熟成と生鮮食品の氷温熟成に分けて考えることができる。また、後述の「氷温発酵」では、氷温の温度域において主に腐敗させないで食品をおいしくすること、すなわち熟成を目的としたものであるので、パン、カツオ節、納豆、ビールの応用研究の成果は、これから説明する「加工食品の氷温熟成」でまとめて紹介することにした。

(1) 加工食品の氷温熟成

①生麺（うどん）

小麦粉は手振り用粉を用い、塩水濃度10ボーメ、加水量45％で製麺した。製麺操作は、試験用製麺機にて成形1回、複合1回、圧延2回（2回目に切り出し）とし、切刃は♯10包丁刃を用いた。最終麺帯厚は2㎜とした。

得られた製造直後麺サンプルを①、生麺を1食分ずつ玉取りして樹脂袋に収容し、ただちに氷温庫（マイナス3℃、RH70～80％）に入れて96時間熟成させた氷温熟成麺サンプルを②、さらに生

表3-14 氷温熟成麺の各種アミノ酸量の変化

(mg/100g Dry matter)

（Ⅰ）美味呈味性遊離アミノ酸

	①製造直後（コントロール）	②氷温熟成	③氷温乾燥
グルタミン酸	2.6	4.2	3.3
アスパラギン酸	3.7	6.0	4.8
アラニン	2.5	2.9	2.5

（Ⅱ）苦味呈味性遊離アミノ酸

	①製造直後（コントロール）	②氷温熟成	③氷温乾燥
イソロイシン	1.2	0.9	0.9
メチオニン	1.1	0.4	0.8
ロイシン	2.0	1.5	1.1

麺を竿掛けし、ただちに氷温庫内で同じく96時間乾燥、熟成させた氷温乾燥麺サンプルを③として、それぞれ遊離アミノ酸分析を行った。

氷温域で熟成させた麺の遊離アミノ酸分析の結果、美味呈味性遊離アミノ酸（グルタミン酸、アスパラギン酸およびアラニン）は、②、③ともに製造直後より増加しており、その増加傾向は③より②の方が著しかった（表3-14）。一方、苦味呈味性遊離アミノ酸（イソロイシン、メチオニンおよびロイシン）は、逆に、①と比較して②、③ともに減少する傾向を示した。

したがって、氷温域で熟成、乾燥することにより、味覚の向上効果が確認されたが、③はいわゆる麺のコシがよくなり、食感の改良効果があることも確認された。

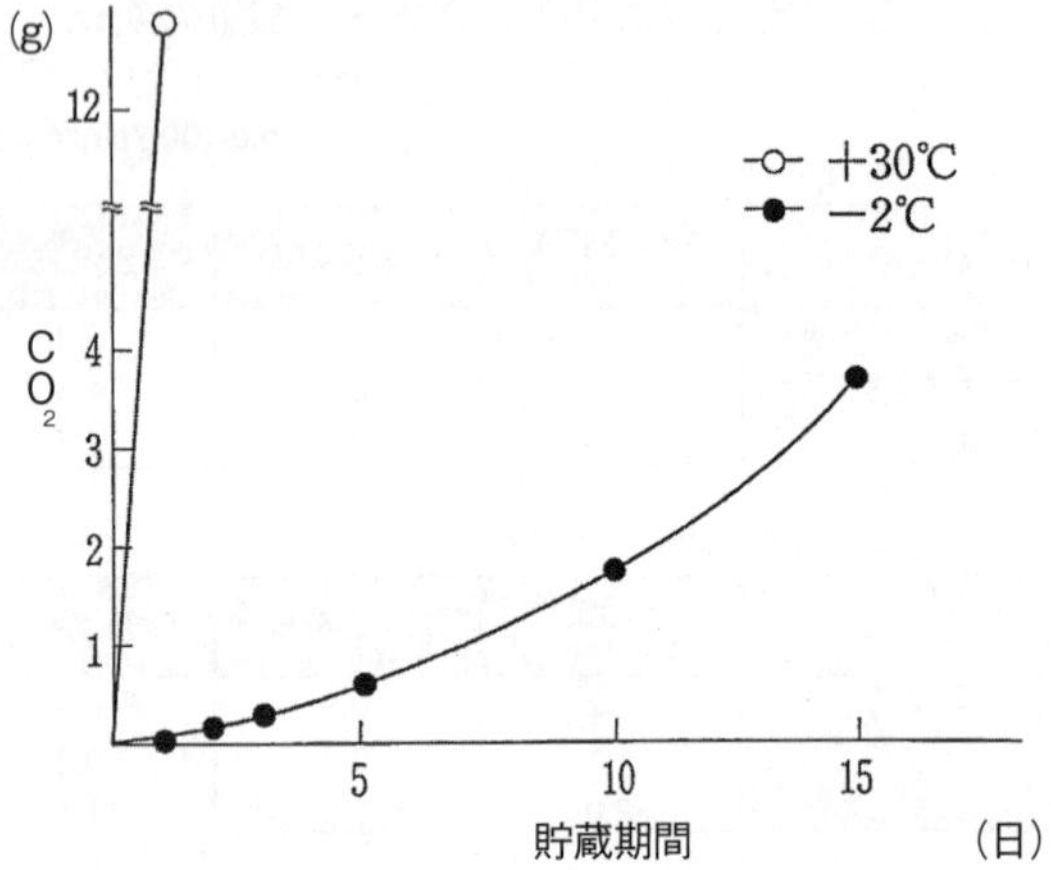

図3-15 氷温域におけるパン酵母のCO_2発生能

②パン

パン生地を用いて、氷温下で熟成、発酵が進行するかどうか調査を行った。パン酵母を氷温領域（マイナス２℃）におき、アルコール発酵力を炭酸ガス発生能によって検討した。

30℃区では、１日経過時点で添加した糖のすべてが発酵を受けたとみなされる12・２gの炭酸ガスを放出している。一方、氷温区においては15日経過時点で３・３gを放出しており、緩慢であるがマイナス２℃でもアルコール発酵が進んでいることが確認された（図３-15）。

次に氷温熟成、発酵によって得られたパンの化学的性状についてみると、まずアセトアルデヒドについては対照2.07mg/gに対し他の試験区はいずれも減少が認められ、とくに中種法による試験区の減少が0.22～0.48mg/gと著しい（表３-16）。

表3-16 氷温熟成パン生地の化学的性状

(単位 mg/g)

香気成分他＼熟成条件	対照	中種法 −3℃ 1日	中種法 −3℃ 1週間	中種法 −3℃ 2週間	ストレート法 −3℃ 2週間	ストレート法 −40℃ 2週間
アセトアルデヒド	2.07	0.48	0.22	0.48	1.67	1.97
アセトン	0.21	0.05	0.14	0.05	0.20	0.12
エタノール	6.76	3.45	2.98	3.40	15.60	6.47
イソブチルアルコール	1.00	0.28	0.25	0.28	0.80	0.66
イソアミルアルコール	0.66	0.30	0.28	0.30	0.66	0.61
全アミノ酸	0.084	0.062	0.18	0.57	1.04	0.31

アセトン、イソブチルアルコール、イソアミルアルコールについては、ストレート法氷温熟成区では対照とあまり変わらない値を示すが、他の試験区はいずれも減少する傾向を示している。しかし、エタノールについては中種法の3試験区がいずれも減少する値を示したのに対し、ストレート法氷温熟成区のみ大幅な増加を示している。

以上、香気成分については、中種法氷温熟成区は対照に比べて低い値を示すが、ストレート法氷温熟成区におけるエタノールのみ、対照の2倍以上の増加を示している。全アミノ酸についてはストレート法氷温熟成区が1.04mg/gと対照の10倍以上の値を示し、顕著な増加が認められる。個々のアミノ酸についても、うま味に関与するアスパラギン酸、グルタミン酸をはじめ、アラニン、バリン、リジンなどが大幅に増加することがわかっている。

以上のことから、氷温域で熟成、発酵されたパンは味や香りが向上するといえる。

③カツオ節

氷温域で解凍したカツオと、通常解凍したカツ

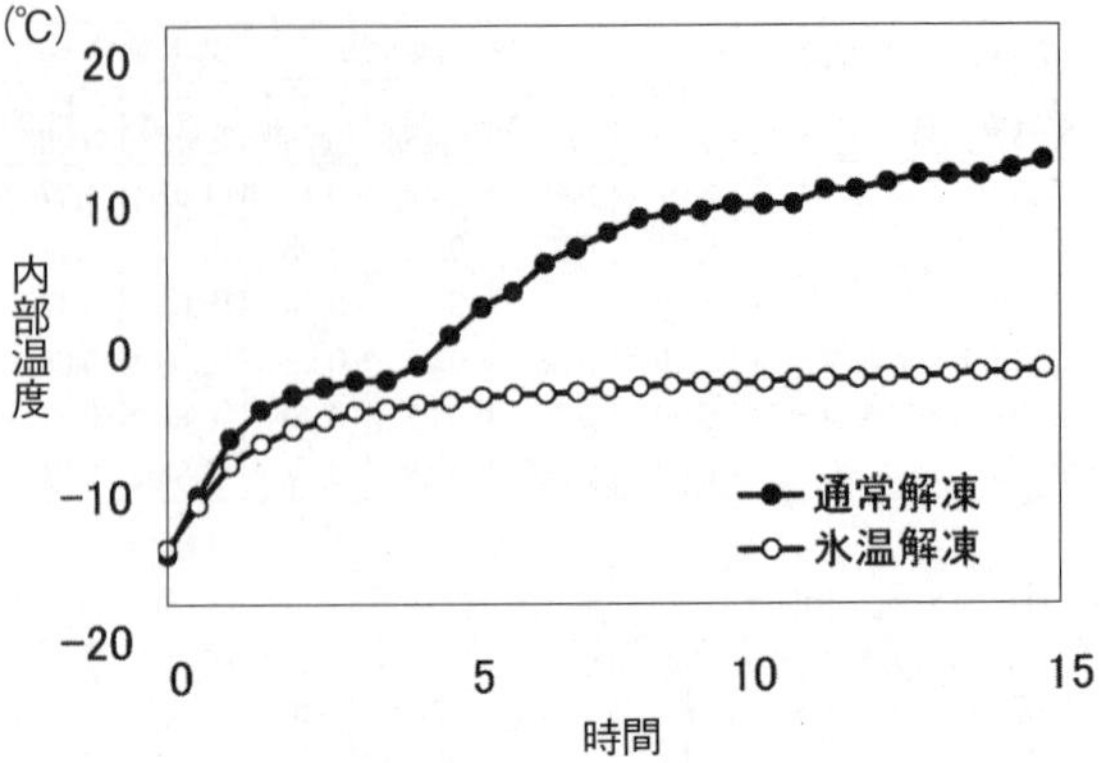

図3-17 解凍中の温度変化

オについて、解凍時の温度変化を図3－17に示す。氷温解凍では、解凍終了時もカツオの内部温度は氷温域（0～マイナス2・8℃）に保持されていた。

また、解凍後、氷温域で保持したカツオで作られたカツオ節のイノシン酸量を調べてみると850mg/100gで、通常の解凍方法で作られたカツオ節550mg/100gに比べ約1・5倍量となった。K値については、通常解凍のカツオ節の数値が34％に対して氷温解凍は22％と低く、鮮度も高く保持されていることがわかった。

さらに、これらのカツオ節を花カツオ状に切削し、直接試食および3％だし液として官能検査を行ったところ、氷温域で保持されたカツオから作られたカツオ節は、明らかにすっきりとしたうま味が強く感じられ、イノシン酸量が多いことに起因すると推定される結果となった。また、生臭みが少ない、酸味が少ない、色調が良いなど鮮度保持による効果と推定される特徴も得られた。

④納豆

納豆の製造については、原料大豆を精選、洗浄後に浸漬、蒸煮し、その蒸煮大豆に納豆菌を培養した種菌を接種した後に混合し、容器に充填、包装する。ここで、納豆の発酵を室温35～40℃、RH60～90％の環境条件を設定した発酵室内で行い、その後、氷温域にて発酵を調節しながら熟成を促進させるといった、納豆の風味、味覚を向上させる製造法にて氷温納豆を得た。

得られた氷温納豆と通常納豆との成分を比較したのが表3‐18である。この各窒素成分の割合から、アンモニアの発生が抑制され、臭みが少なく、うま味が増した納豆であることが判明し、官能検

表3-18 氷温納豆と通常納豆の窒素成分について

	氷温納豆	通常納豆
不溶性窒素	27.9%	13.8%
水溶性窒素	62.8%	73.2%
アミノ態窒素	5.4%	2.2%
アンモニア態窒素	3.9%	10.8%

注：不溶性窒素、水溶性窒素、アミノ態窒素およびアンモニア態窒素量を100％とした時の各窒素成分の割合で示した。

査の結果とよい相関性を示した。この結果から、うま味成分であるグルタミン酸の遊離率は、氷温域における発酵の抑制、熟成の促進過程で高まるものと推察された。さらに官能試験では、強い糸引きを示したが、これはポリペプチド含量が高まったことによるものと考えられた。

ただ、氷温熟成の工程で注意をしなければならないのは、熟成中の納豆の水分含量と温度、および熟成速度との関係である。とくに、水分含量が低くなりすぎると熟成中にチロシンが発生し、風味を損ない、舌触りも悪くなるため、熟成温度に適した水分含量を示す容器の選定が重要となる。実際、氷温熟成納豆を製造後、酸素をカットし、最適な水分を保つ容器を用い、過剰の熟成を防いだものは、従来品と比較してグルタミン酸、アスパラギン酸、アラニン、グリシンといったうま味、甘味呈味性遊離アミノ酸含量が著しく増加したことが確認されている。

氷温熟成納豆は、発酵工程で活発に活動していた納豆菌の生育を氷温で止めることにより、胞子形成率を高め、発酵で産出されたプロテアーゼで、じっくりうま味や甘味呈味性のアミノ酸を醸成させる。従来法では胞子形成率が悪く、栄養細胞の二次発酵によりアンモニアなどの代謝産物が発生し、味覚・風味を損なってしまう。また、一度胞子化した納豆菌は、通常の低温流通過程ではほとんど活動することがないため、氷温熟成工程で胞子形成率を高めたことが、食卓へあがるまでのおいしさの保持に大きな役割を果たしているのである。

⑤ビール

氷温熟成ビールは仕込工程および発酵工程によ

って製造される。まず、仕込工程であるが、麦芽（ピルスナーモルツ１００％）を粉砕したものに温水を加えて糖化、ろ過後、ホップを加えて煮沸し麦汁を得る。その約80℃の麦汁を20℃ぐらいにまで冷却し、酵母を加えて約1週間、一次発酵を行う。続いて二次発酵へ移行するが、マイナス１・５℃で約３カ月間氷温発酵・熟成を行い、氷温熟成ビールとした。通常は二次発酵温度が２℃、上面発酵で約３週間後には飲める状態となる。氷温熟成ビールの場合も２週間で飲めるようにはなるが、さらに約３カ月間熟成することにより、原材料の味が一体となり、大変まろやかになる。

得られた氷温熟成ビールの氷結点はマイナス２・５℃であり、官能検査の結果、のど越しが非常に良く、甘味があり、マイルドな味わいで雑味がない、との評価を得た。

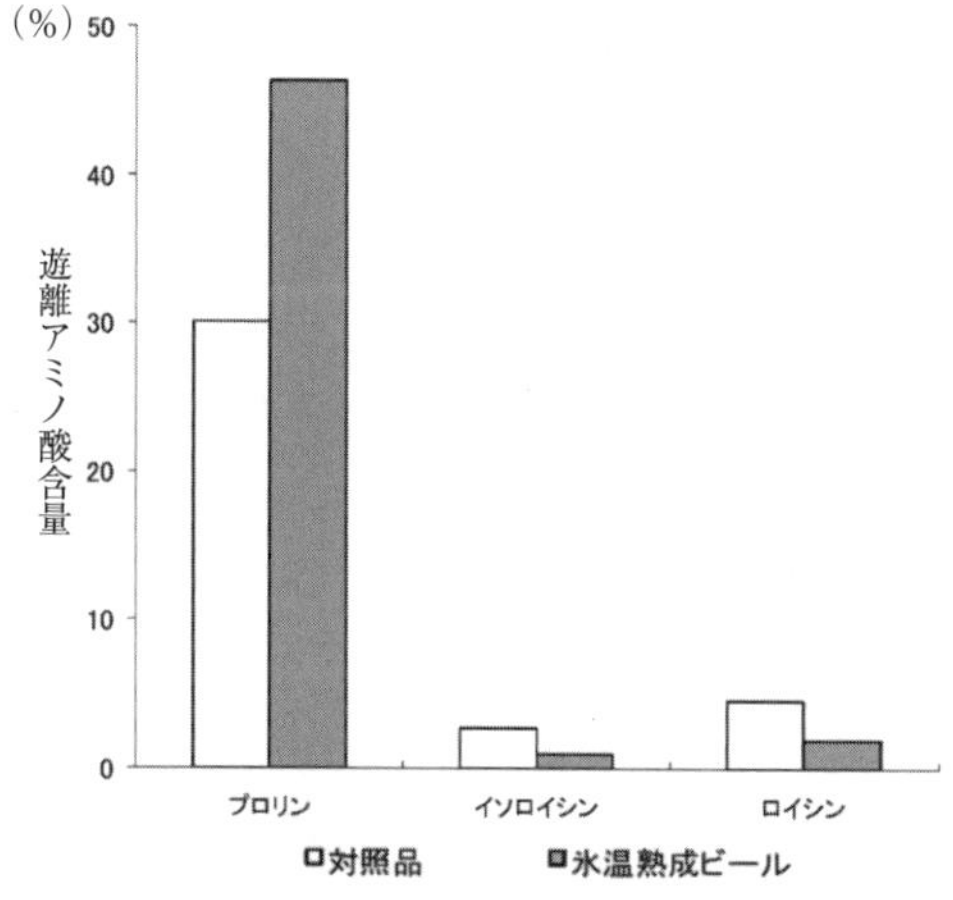

図3-19 氷温熟成ビールにおける遊離アミノ酸含量

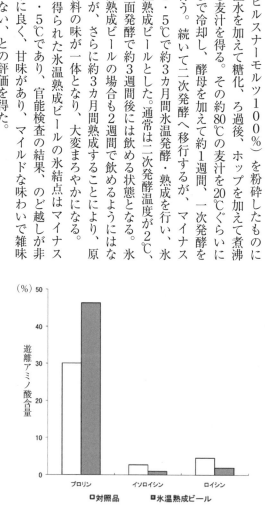

氷温熟成ビールは対照品（通常製法）よりも総遊離アミノ酸量が約35％も少なく、過度な発酵が抑制されていることが確認された。

さらに、遊離アミノ酸組成を調査した結果、図3‐19に示すように、氷温熟成ビールは、対照品と比較して甘味を示すプロリン含量が多く、逆に苦味を示すイソロイシンやロイシン含量は著明に少なく、官能検査の結果と高い相関性を示していることが明らかとなった。

⑥さまざまな加工食品の氷温熟成効果

加工食品の製造において氷温熟成が導入されている例は非常に多く、また汎用性も高い技術であるので食品のバラエティーも豊富である。たとえば、魚介類の漬魚、カマボコ類、タラコ類、おかきなどの米菓、もち、ハム・ソーセージ類、押し寿司、茶類、和菓子、あるいは漬物、味噌、醤油、生酒、米酢、飯寿司などが実際に商品化されている。

氷温熟成は効果の現れ方から生化学的熟成と物理的熟成に大別される。生化学的熟成は美甘味呈味性遊離アミノ酸（アスパラギン酸、グルタミン酸、アラニン、プロリンなど）の増加や苦味呈味性遊離アミノ酸（ロイシン、イソロイシン、メチオニンなど）の減少、単・少糖類の増加、高い核酸関連化合物（イノシン酸など）含量あるいはGABA（γ‐アミノ酪酸）、DHA・EPAなど機能性成分の増加などを指標にすると理解しやすい。また、物理的熟成は、水分活性、保水性、色調、弾力性や破断強度などの調査によって物理的な効果を確認していく。

ただ、これらの科学的なデータは必ず官能検査のデータとのすり合わせを行い、熟成効果を総合的にとらえることが肝要である。

(2) 生鮮食品の氷温熟成

①アジ

養殖マアジ（愛媛県八幡浜の沖合産・体長約20cm、体重160g程度、氷結点マイナス1・2℃）を購入し、本研究に用いた。

生きているものを撲殺し、処理前のサンプルとした。次に、マイナス1℃海水に活マアジを約1時間浸漬し、魚体中心温度を0℃以下まで冷却し死にいたらせたものを氷温予冷処理群とした。さらに、雰囲気温度0℃のボックス内に氷を敷き詰め、その上で約1時間空中放置を行い死にいたらせたものを対照処理群とした。

これらの処理を施したマアジをそれぞれ、対照（0℃）、氷温（マイナス1℃）、過冷却温度である超氷温（マイナス2℃）にて貯蔵を行い、ATP関連化合物、遊離アミノ酸、乳酸、一般生菌数、色調、破断強度などの測定を行ったが、ここではATP関連化合物と遊離アミノ酸の結果を紹介する。

核酸関連物質の分析結果より、鮮度の指標とされているK値を算出し、その経時変化を図3-20に示した。対照処理、氷温予冷処理ともに、処理直後に若干のK値の上昇が確認された。その後、K値の経時変化は、氷温貯蔵と超氷温貯蔵とでは差はほとんどなく、10%前後に抑制されていた。これに対して、対照貯蔵のK値の上昇は氷温貯蔵、超氷温貯蔵よりも著しく、貯蔵7日目には8%程度上昇した。7日目では、氷温予冷処理した超氷温貯蔵で対照貯蔵、氷温貯蔵に比べ5~8%抑制されていた。

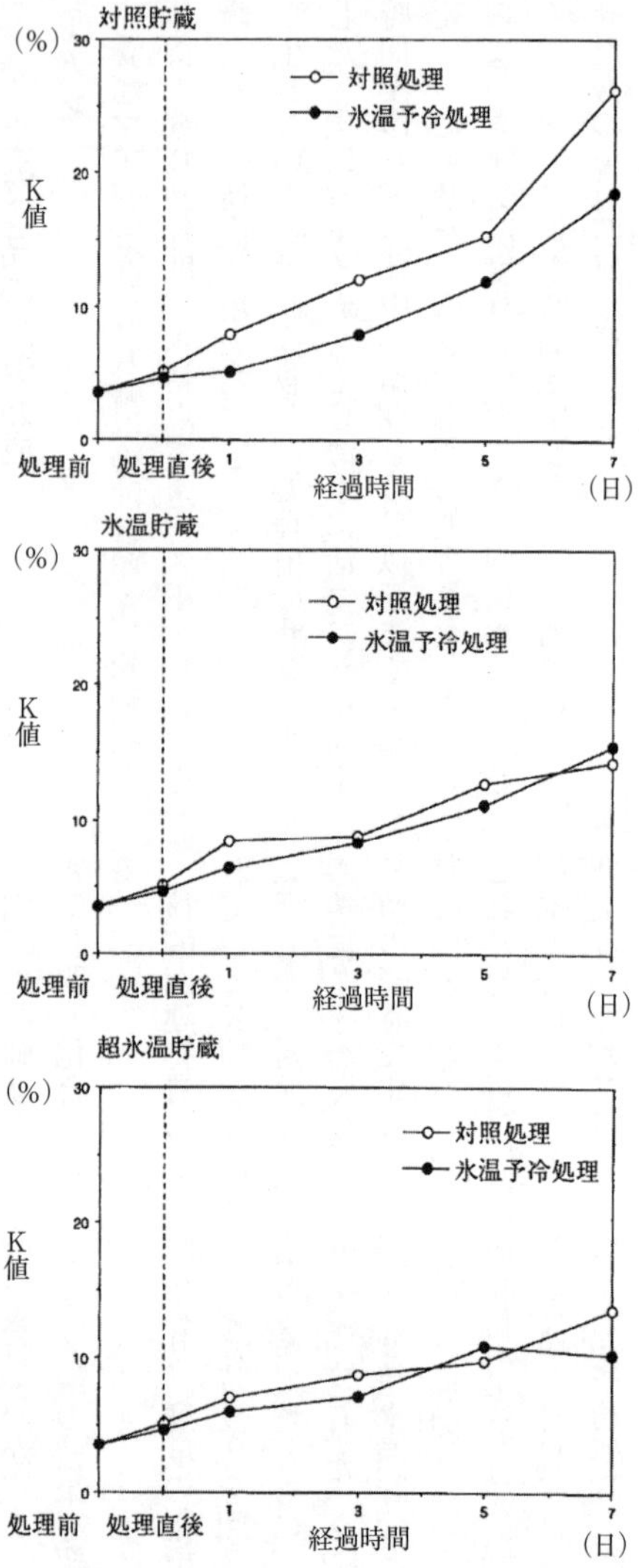

図3-20 処理後の各貯蔵温度における経時変化（アジ）

また、魚類のうま味であるイノシン酸の含有率の経時変化をみると、対照処理、氷温予冷処理を行ったものは処理直後には処理前の約2倍となる80％程度にまで増加していた。

さらに、対照処理を施したマアジは処理直後にイノシン酸含有率が最高値をとるのに対し、氷温予冷処理を施したマアジでは貯蔵1日目に最高値を示した。これはATPの分解が抑制されたためであると考えられた。その後、対照貯蔵のマアジのイノシン酸は次第に減少する傾向を示したのに対し、氷温貯蔵、超氷温貯蔵したものでは貯蔵7日目にいたってもイノシン酸含有率は保持された。これは、ATPの代謝分解経路において、氷温予冷処理に続く氷温貯蔵、超氷温貯蔵がイノシン酸からイノシン、ヒポキサンチンへの代謝の抑制に関係しており、とくに、イノシン酸からイノシンへの代謝に関わるイノシンモノホスファターゼ活性が選択的に低下しているものと考えられた。

次に、遊離アミノ酸を分析してみると、苦味呈味性遊離アミノ酸（イソロイシンとロイシン）では、処理直後と貯蔵7日目において氷温予冷処理の方が対照処理よりも若干減少していた。甘味呈味性遊離アミノ酸（グリシンとアラニン）とうま味呈味性遊離アミノ酸（アスパラギン酸とグルタミン酸）の含有率については、対照処理、氷温予冷処理ともに増加が認められた。甘味呈味性遊離アミノ酸、うま味呈味性遊離アミノ酸および苦味呈味性遊離アミノ酸含有率については、対照処理の方がかなり高いが、これは魚肉の自己消化と細菌の作用によるものではないかと考えられた。

マアジの高鮮度保持化および高品質化を図るた

めには、漁獲直後の氷温予冷処理に続く氷温貯蔵、超氷温貯蔵を一連のシステムとしてとらえることが重要である。

②シジミ

シジミの最適処理方法を検討するために、神西湖（島根県）産ヤマトシジミを用いて、氷温域での処理塩濃度の違いによる総遊離アミノ酸の分析を行った結果、処理塩濃度2％、処理日数2日目でもっとも総遊離アミノ酸含量が増加した。

そこで塩水処理は、2％塩濃度で2日間の処理とした。また、品質評価については、シジミを冷蔵処理すると各種アミノ酸が増加することが一般的に知られているので、氷温処理を施したシジミと冷蔵処理を施したシジミの成分を比較した。

神西湖産のほか、宍道湖産のヤマトシジミを材料として、氷温条件下で有水処理に続いて無水処

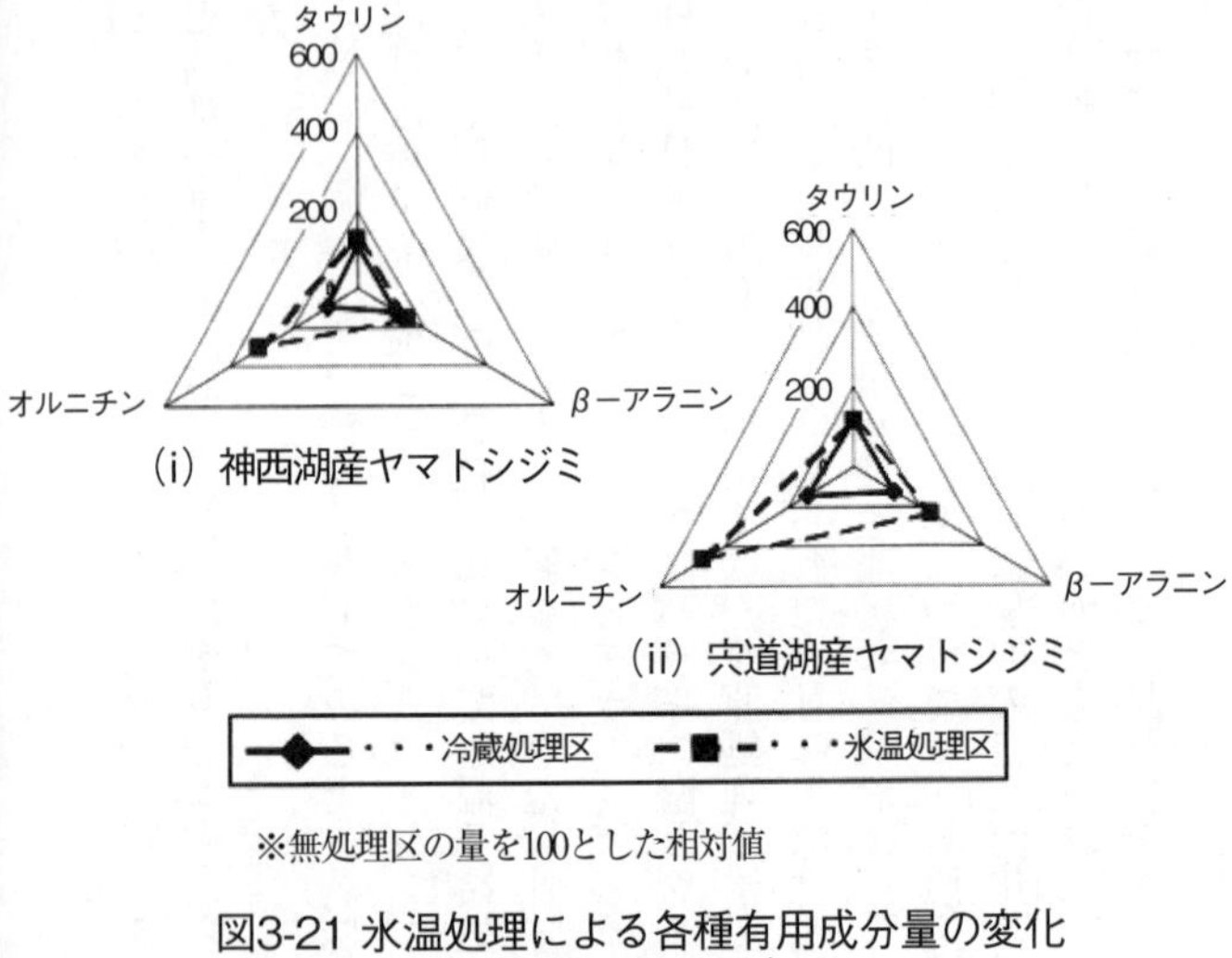

図3-21 氷温処理による各種有用成分量の変化（ヤマトシジミ）

理を行ったところ、無処理区や冷蔵処理区より総遊離アミノ酸が増加した。いずれもアラニン、セリン、メチオニンおよびプロリンが増加している。アラニンは総遊離アミノ酸の約50％を占めており、ヤマトシジミの主要なアミノ酸である。このアラニンはアルコール代謝酵素の活性を高める機能性をもっていることで知られており、甘味呈味性遊離アミノ酸でもある。

図3‐21は、タウリン、オルニチンおよびβ‐アラニン含量を比較したもので、氷温処理区のものが冷蔵処理区のものよりも増加していた。オルニチンは脳下垂体を刺激して成長ホルモンの分泌を増大する効果があるといわれており、基礎代謝を上昇させる作用を有し、ダイエット効果が期待される。

また、各処理区におけるグリコーゲン含量の変化を調べてみると、両処理区でグリコーゲン含量が増加したが、氷温処理区の方が冷蔵処理区よりも増加が顕著であった。さらに、官能試験により、味や食感も氷温処理を施したシジミが無処理区や冷蔵処理区のシジミよりも優れていることを確認した。

シジミに氷温処理を施すことにより、アラニン、オルニチンなどの機能性成分が増加したことで、氷温熟成技術がシジミの鮮度を高く保持すると同時にうま味や食感の向上、加えて健康食品素材としての機能性を増大させることも可能であることが明らかとなった。

③豚肉

豚肉（部位・リブロース、氷結点マイナス1・0℃）に氷温熟成処理を施した氷温処理肉と無処理肉の比較を行った。肉のうま味に関する調査として、遊離アミノ酸の比較を行ったところ、氷温処理肉は無処理肉に比べて甘味・うま味呈味性遊離アミノ酸であるグルタミン酸、グリシン、アラニンが多く、とくにうま味成分であるグルタミン酸においては無処理肉が12.3 mg/100gであったのに対し氷温処理肉は24.8 mg/100gであり、氷温熟成処理を施すことによって約2倍に増加しているのが確認された。

豚肉のおいしさは赤身のうま味だけでなく、脂身の質も大きく関わっている。そこで脂身のおいしさの調査として、遊離脂肪酸および脂肪融点について比較したところ、遊離脂肪酸の総含量が無処理肉は312mg/100gであったのに対し、氷温処理肉は591mg/100gであり、氷温熟成処理を施すことで約2倍に増加することが明らかとなった。

さらに脂肪酸組成について調査したところ、氷

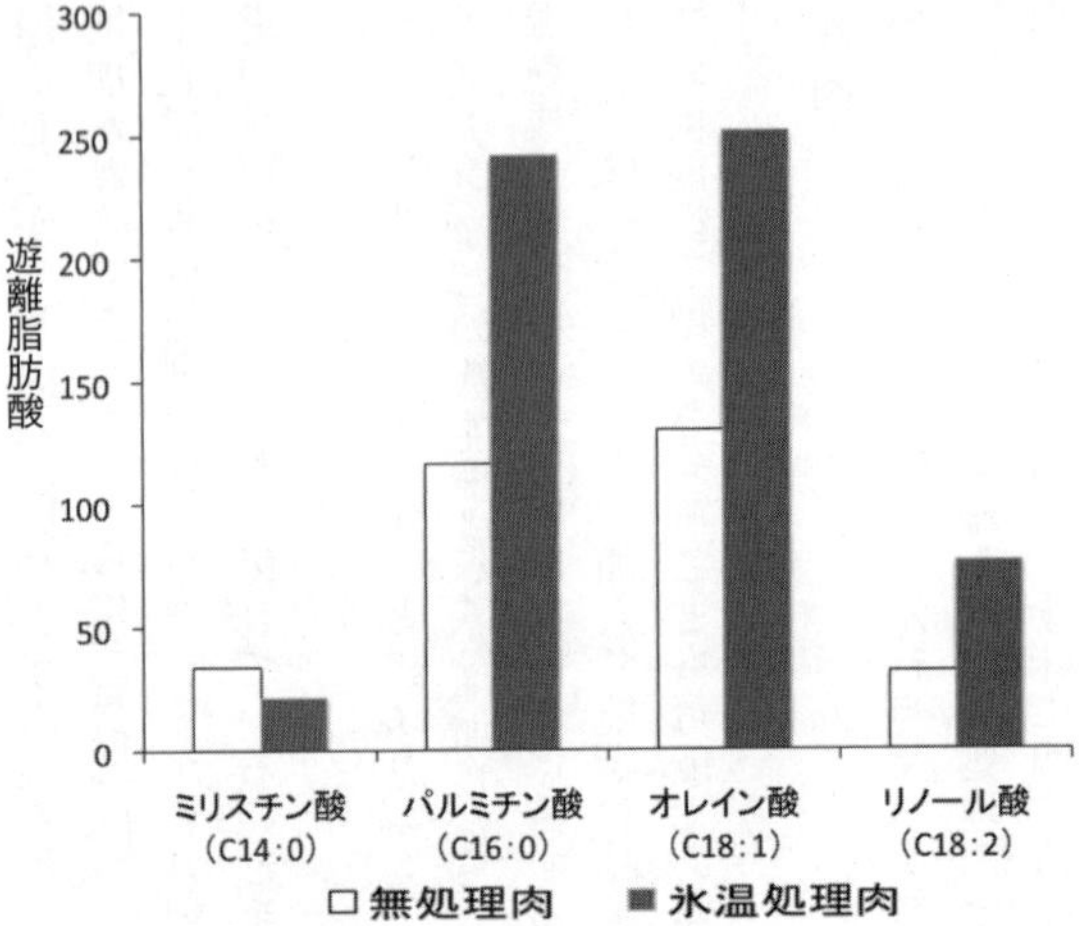

図3-22 各豚肉における遊離脂肪酸含量

温処理肉は無処理肉に比べて、不飽和脂肪酸（オレイン酸、リノール酸）が増加し、飽和脂肪酸（ミリスチン酸）が減少しているのが確認され（図3－22）、遊離脂肪酸中の不飽和脂肪酸の割合が、無処理肉は51・8％であるのに対し、氷温処理肉は55・5％であり、氷温熟成処理を施すことで割合が増大していることが確認された。

そこで、氷温熟成処理によって融点の低い不飽和脂肪酸の割合が増大することが、脂身の口溶け感や口中での脂ギレにどのような影響を及ぼすのかを調査するために、脂肪融点を測定した。その結果、無処理肉は39・7℃であったのに対し、氷温処理肉は35・1℃であり、氷温熟成処理を施すことにより4・6℃も融点が降下しているのが確認された。そこで、それぞれの豚肉から抽出した脂質を人の体温と同程度の36℃環境下に静置し

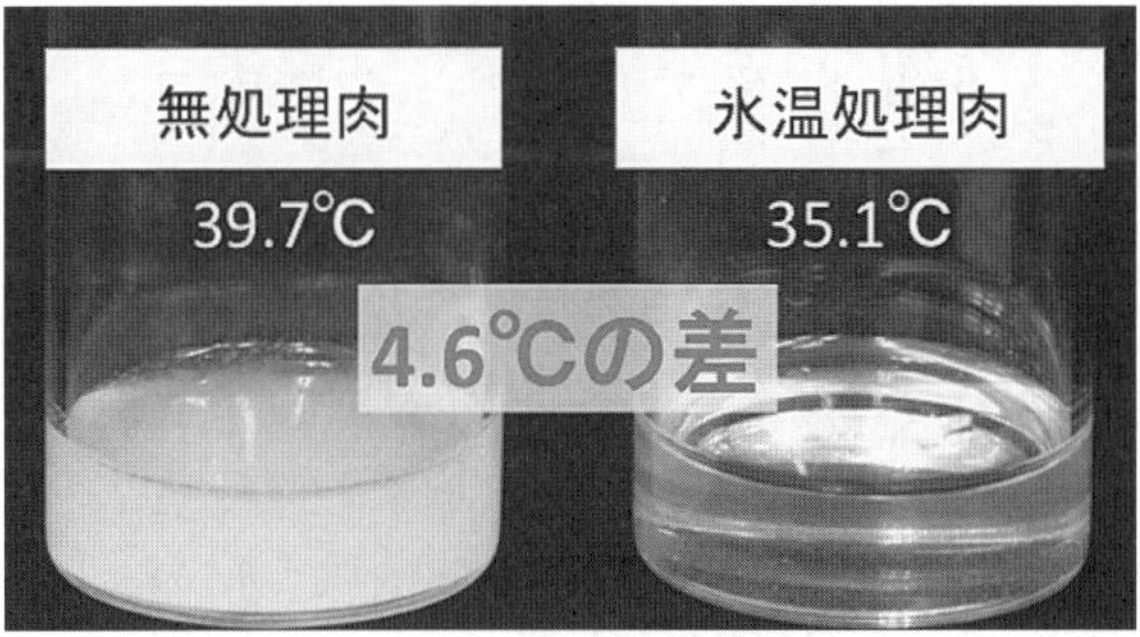

図3-23 各豚肉より抽出した脂質を36℃環境下に放置した時の状態

注　：Bligh-Dyer法にて抽出した脂質を36℃環境下に放置した時の状態。

て、食している状況を簡易的に再現してみたところ、無処理肉の脂質は白く濁り、半固体状であったのに対し、氷温処理肉の脂質は透明で低粘性の液体状であった（図3 - 23）。

以上の結果より、実際に、氷温熟成処理を施した豚肉を食した際の肉のおいしさは遊離アミノ酸の分析結果によって、また、まろやかな口溶け感や口中での脂ギレの良さは遊離脂肪酸の分析結果によって裏づけられたものと判断された。

④コメ

コメの食味は、品種、産地、気象条件、栽培法、収穫、乾燥・調整、貯蔵、精米加工および炊飯といった一連の工程に影響を受けるとされる。

このうち、玄米の貯蔵の工程（10～15℃、RH70～80％）を氷温域で貯蔵および熟成させることによるコメの高品質化技術を開発し、現在、全国各地で氷温熟成米が流通、販売されるようになった。

全国のコメを用い、これまでの応用研究で得られた研究成果からまとめると、氷温熟成に適した温度はおおむね0～マイナス5℃の範囲で温度設定するが、品種、収穫地、水分含量などによって相対湿度、熟成期間、包装形態などが異なるので注意を要する。また、基本的に品種、収穫地が同じであっても、収穫年度が違えば氷温熟成条件も異なるので、年度毎に再調整することが望ましい。

鳥取県産コシヒカリを用いて得られた氷温熟成米のたん白含量を20～25℃で管理された通常米と比較検討したところ、通常米6・3％に対し、氷温熟成米6・1％と低くなる傾向を示した。また、アミロース含量は通常米18・6％に対し18・5％であった。たん白含量が高くてもおいしい米はあるが、一般的にたん白含量もアミロース含量も少ない方がおいしい米であるとされている。

次に、遊離脂肪酸の分析を行ったところ、通常米は、処理前と比較して飽和脂肪酸のパルミチン酸が増加し、不飽和脂肪酸のリノール酸とオレイン酸は維持されていたが、氷温熟成米はパルミチン酸、リノール酸およびオレイン酸ともに減少し、とくにリノール酸は処理前175.9mg/100gが通常米は175.9mg/100gと変わらなかったのに対し、氷温熟成米は146.9mg/100gと低い脂肪酸量であることが明らかとなった。一般に脂肪酸の増加はコメの老化、すなわち食味の低下につながるが、氷温熟成米は鮮度の高いコメであることを示していた。

さらに、魚沼産コシヒカリを用いて得られた氷温熟成米の物性（粘着性）をレオメーターにて測定したところ、通常米107・0gに対し、氷温熟成米は113・6gであり、氷温熟成米はモチモチした粘着性が高い米であることが明らかであった。

遊離還元糖含量は通常米102.2mg/100gに対し、氷温熟成米は116.1mg/100gと高い含量を示した。また、氷温熟成中に非還元糖であるシュークロースは増加し、アスパラギン酸、グルタミン酸、アラニンなどのうま味および甘味呈味性遊離アミノ酸も比較的高い含量を示す傾向にあることが確認された。

炊飯後の含水率の変化を調べると、炊飯米は時間の経過とともに乾燥してパサパサした状態になるが、氷温熟成米は通常米と比較して含水率が高かった（図3 - 24）。

以上の結果は、冷めてもパサつきにくく、ほど

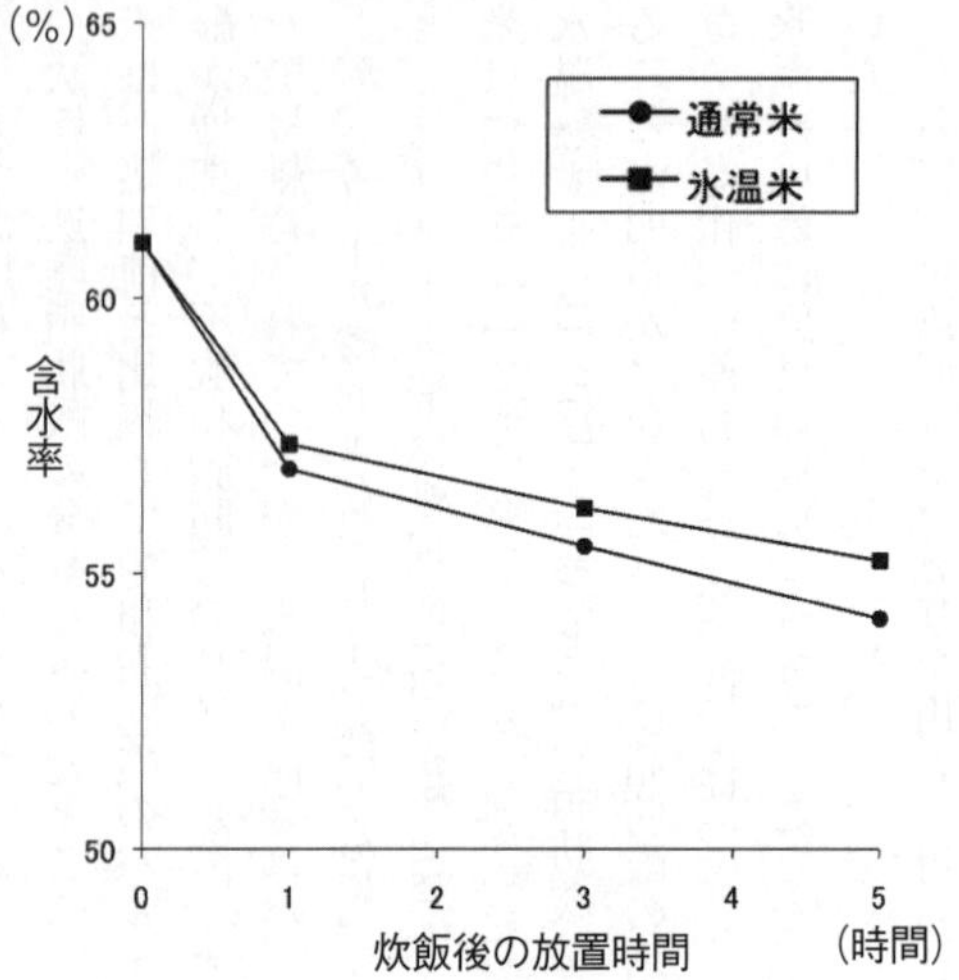

図3-24 氷温米炊飯後の含水率の変化

よい粘り・弾力性があり、炊いた時の香りが良く、ほんのりとした甘味・うま味を感じるといった氷温熟成米の官能検査の結果を支持するものであった。

⑤ソバ

鳥取県南部町産玄ソバの低温貯蔵による鮮度保持性の調査を行うため、常温貯蔵区（20～30℃）、冷蔵貯蔵区（4℃）および氷温貯蔵区（マイナス3℃）にて貯蔵し、外観観察、水分含量、色調などについて比較検討した。

氷温貯蔵したものは、8カ月経過後においても水分含量はほとんど変化がなく、また外観観察上、甘皮の色は他の貯蔵区よりも緑色を呈していた。実際、測色色差計にて色調を測定したところ、ハンターa値は、常温貯蔵区はマイナス0・13、冷蔵貯蔵区はマイナス2・53に対し、氷温貯蔵区はマイナス3・92であり、外観観察の結果と同様、氷温貯蔵区がもっとも緑色が強いことが確認された。したがって、氷温貯蔵することにより玄ソバの鮮度が長期間保持されていることが明らかとなった。

そこで、この貯蔵8カ月目の玄ソバを製粉、製麺し食味検査を行った結果、氷温貯蔵区がもっとも評価が高く、新ソバの風味と甘味が強く感じられた。さらに氷温貯蔵区はコシが強いとの評価も得られ、物性測定を行ったところ、氷温貯蔵区がもっとも切断応力が高いことが確認され、食味検査で感じられたコシの強さを裏づけるものであった。

次に、健康機能性成分であるγ-アミノ酪酸（GABA）に注目し、寒ざらし処理のような短時間でGABA含量を増加させることができる技

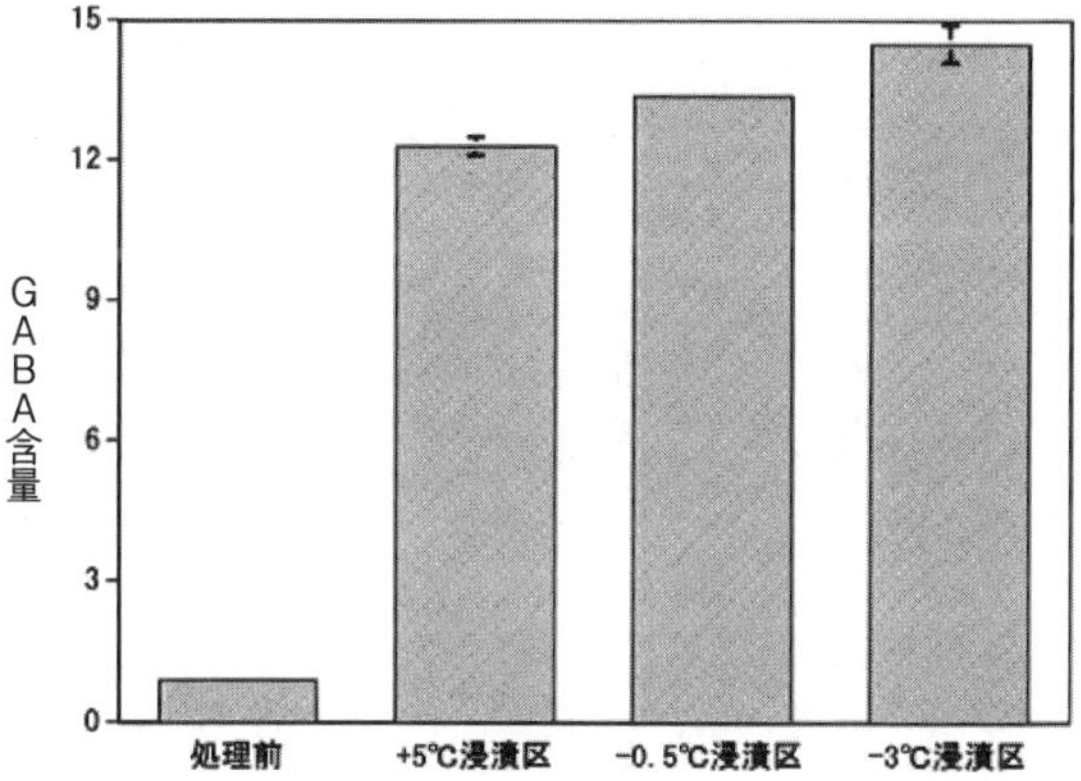

図3-25 各試験区における浸漬24時間後の玄ソバのGABA含量

術の確立を目的とした高品質化試験として、水浸漬処理試験を行った。

玄ソバに常温（25℃）、冷蔵（5℃）、氷温（マイナス0・5℃）および超氷温（マイナス3℃）にて水浸漬処理を24時間施し、GABA含量を測定した結果、すべての試験区において増加が確認されたが、浸漬温度が低いほどGABA含量の増加が多いことが確認された（図3-25）。とくに、もっとも増加量が大きかったマイナス3℃浸漬区においては、浸漬前（0.9mg/100g）と比較して約16倍に増加していた。

このGABAの生成については、グルタミン酸からグルタミン酸脱炭酸酵素の働きにより生成されることが知られている。そこで、GABAの前駆体であるグルタミン酸についても調査した結果、GABA含量が多いほど、グルタミン酸含量が少ないことが確認され、本試験におけるGABA含量の増加はグルタミン酸からの生成であることが示唆された。さらに、より低い温度域で氷温処理を施すことによりGABAの増加量が大きくなるのは、吸水したことによって活性化された玄ソバが低温ストレスを感受することにより、グルタミン酸脱炭酸酵素が活性化したためではないかと推察された。

これらの結果から、氷温技術は玄ソバの鮮度保持化のみならず高品質化を可能にする技術であると判断された。

⑥さまざまな生鮮食品の氷温熟成効果

生鮮食品の氷温熟成は、氷温の温度域ないしは超氷温の温度域にて貯蔵することが基礎となり、さらに品質の向上効果が確認されるものと説明できる。したがって、たとえば寒大根のおいしさは、冬期の寒さで鮮度が良いのみならず、低温ストレスによって甘味やうま味が増加していると解釈すべきであり、逆にいえば、氷温貯蔵技術はすべての氷温関連技術の基礎になっている、と説明することができる。

したがって、氷温で鮮度を保持しながら味覚、風味が向上している例は多く、ここですべてを紹介することはできないが、これまでに、リンゴ、ナシ、柿、ブドウ、サクランボ、落花生などの果実・種実類、カボチャ、ジャガイモ、タマネギ、ニンジン、ニンニク、レンコン、シイタケなどの野菜・キノコ類、マグロ、カツオ、フグ、ヒラメ、ブリ、アサリなどの魚介類、さらに牛肉、鶏肉、馬肉、羊肉などの畜肉類において、生鮮食品としての氷温熟成効果を確認している。

ただし、すべての生鮮食品に氷温熟成効果を確認したわけではなく、一部の南方系の果実や葉もの系の野菜においては、氷温貯蔵によって短期間の鮮度保持は可能であるが、熟成効果はないか、あるとしてもわずかであると思われる。

このような意味からも生鮮食品の品目、生育ステージおよび低温（氷温）耐性との関係をあらかじめ調査しておくことが重要となる。

5　氷温発酵

(1) 氷温発酵食品とは

昔からの技法に寒仕込み、寒発酵がある。これは大寒の時期にじっくり低温で酵母や乳酸菌の発酵を進め、うま味を引き出すものである。このような伝承的な技法がありながら、現在では酒は四季を問わず一年中醸造し、パンの発酵も高温短時間発酵に切り替わるなど、いずれも温度だけをいたずらに上げて早く発酵を終了するものが見受けられるが、昔の寒の発酵食品のような味覚、風味は望めない。このような発酵の世界に氷温技術を取り入れ、寒仕込みや寒発酵を現代の技術に再現したのが氷温発酵である。氷温域では、有害微生物や病原性細菌が減少する反面、味や風味を向上させる酵素、あるいは酵母、乳酸菌など有用微生物が十分活用できる領域であることがわかっている。

このような氷温発酵の技法を取り入れた食品が氷温発酵食品であり、酒、味噌、パン、納豆、漬物などきわめて優れた味覚と風味を有する製品の製造が可能である。

たとえば、氷温生酒の場合、従来法による生酒と比較して、単・少糖類や遊離アミノ酸含量は少なく、糖アルコール含量は多い傾向にあり、飲み口はマイルドでキレが良く、フルーティーである。この生酒の特長のひとつに香りの良さがある。

(2) 氷温生酒の香りの変化

そこで、氷温生酒の香りについて昇温分析を行った。ガスクロマトグラフ分析結果を参考に標準物質との比較によって同定し、市販されていないエステル類は合成した。同定された香り成分は、エステル類が約10種類、アルコール類が約20種類、酸類が約10種類、その他の揮発性成分が約20種類、合計で約60種類前後の揮発性成分であった。

火入れをしていない生の清酒を10℃、マイナス1℃、およびマイナス6℃で2カ月間貯蔵し、それぞれエステル類の総量とアルコールおよび酸類の総量の比を求めた。なお酵母は2種類（K7およびK9）使用し、培養してそのまま麹に添加した場合と水で洗浄後に添加した場合とを比較した。

エステルで生成量の多いのは、ギ酸エチル、酢酸エチル、酪酸エチル、エチル-4-ヒドロキシ酪酸だった。アルコールでは、エタノール以外では、3-メチル-1-ブタノール、β-フェニルエチルアルコールだった。また、酸では、ヘキサン酸、オクタン酸が多く、酢酸はエステル生成するために比較的少なくなっていた。

いずれの酵母を用いても、マイナス1℃およびマイナス6℃で貯蔵、熟成した場合にエステル生成比の高いことがわかったが、この傾向はマイナス1℃で顕著であった。貯蔵温度や熟成期間は精査する必要があるが、これらの結果は、氷温生酒のフルーティーな香りを裏づけるものと判断された。

その他、氷温発酵に関する具体的な研究成果の一端は、先述の「氷温熟成」の具体例、パン、カツオ節、納豆、ビールを参考にしていただきたい。

6 氷温乾燥

(1) 氷温乾燥とは

昔から寒干し、寒餅など伝承的な乾燥技法がありながら、現状は20℃以上の乾燥が主で、しかも生きたもの、死んだものの乾燥という観点ではなく、ただ水分を奪って保存性を高めるということに重点が置かれ、乾燥効率を上げるという目的で機械化が急速に進められてきた。

これに対し、氷温域での乾燥は、生体乾燥を主目的としたものである。氷温乾燥は氷結点をコントロールし、0℃以下であるマイナスの温度域で、凍結させないで生のまま乾燥するものである。いわば、寒干しを再現する技術である。

氷温乾燥は、今までの0℃以上の乾燥法で得られた製品と異なり、もぎたて（野菜、果物）、とりたて（魚）、打ちたて（生麺）の風味、色調を保持することができる。さらに水に戻した場合、生に近い復元性を示すなど、きわめて優れた製品を得ることができる。このように、氷温乾燥技術を用いた製品を氷温乾燥食品という。

(2) 氷温乾燥の効果

氷温乾燥による乾燥効率と生体乾燥物の鮮度を高めるための新規乾燥法として、氷温真空乾燥技術を確立した。この技術を用いて得られた製品が氷温真空乾燥食品である。これまで、肉厚な魚肉類では氷温乾燥にかなり時間がかかることもあったが、氷温乾燥を微真空下で行うことによって、短時間できわめて鮮度のよい製品を得ることができるようになった。

この氷温乾燥の効果を検討したところ、大根葉を氷温区（マイナス0・5℃）で乾燥させたものは、冷風乾燥区（20℃）に比べて色調の保持が良好であることが確認された（図3 - 26）。硬さについても同様、氷温区で良好となった。

また、乾燥条件が呼吸量に及ぼす影響については、冷風乾燥、氷温乾燥どちらも乾燥度合いが進むにつれて低下する傾向が認められ、復元させた場合の呼吸量はいずれも生に近い呼吸量にもどっている。

しかし、乾燥させたものを水中に浸漬し復元性を比較してみると、冷風では8時間乾燥で復元性

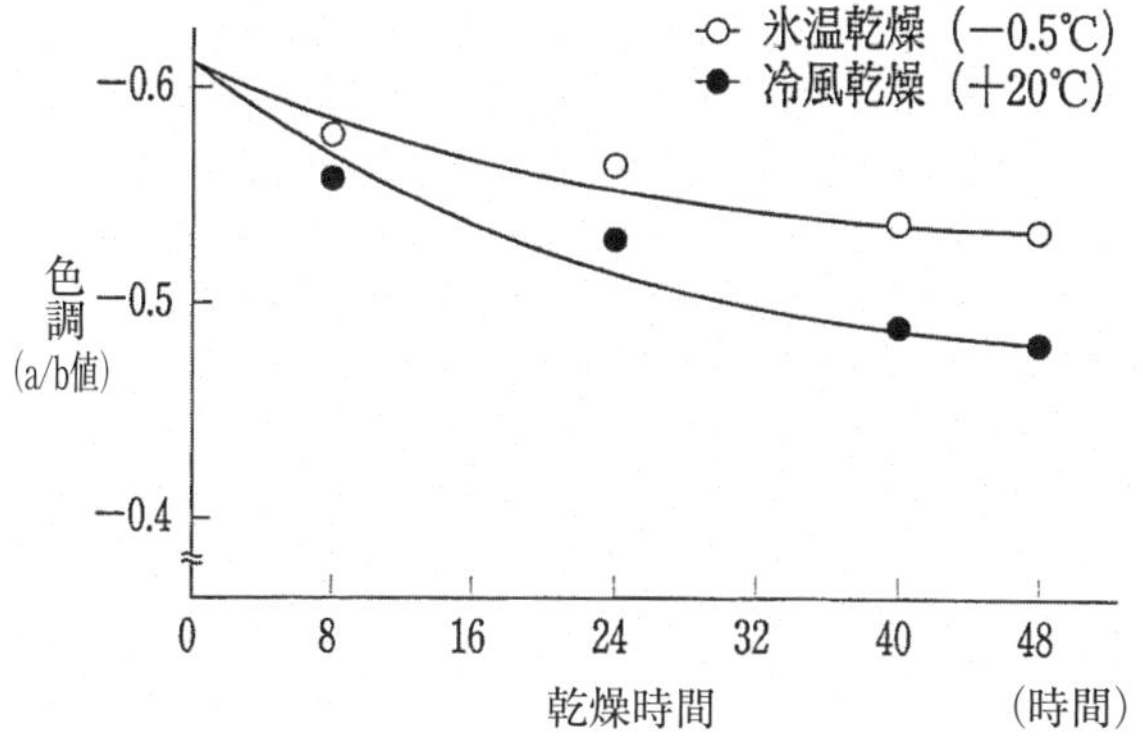

図3-26 乾燥方法が復元後の色調に及ぼす影響（大根葉）

が低下し始めるが、氷温乾燥では48時間経過時から復元性が衰え始める程度で、氷温乾燥法の方が明らかに復元性は良い。

生麺については、氷温域で乾燥させた氷温乾燥麺の茹で後の硬さは、冷風乾燥に比して生に近いコシを保持していることがうかがわれる（図3-27）。昔から、寒干しうどんは打ちたてのコシが保持されることが知られているが、本研究によって実証されたわけである。

水産物については、マイワシを氷温区（マイナス1・5℃）で乾燥させると、冷風乾燥区（20℃）に比べて鮮度の指標となるK値が上昇せず、鮮度の保持が良好となった。微生物の増加も少なく、油脂についても酸化が抑制され、過酸化物質の増加が抑制される傾向がみられる。

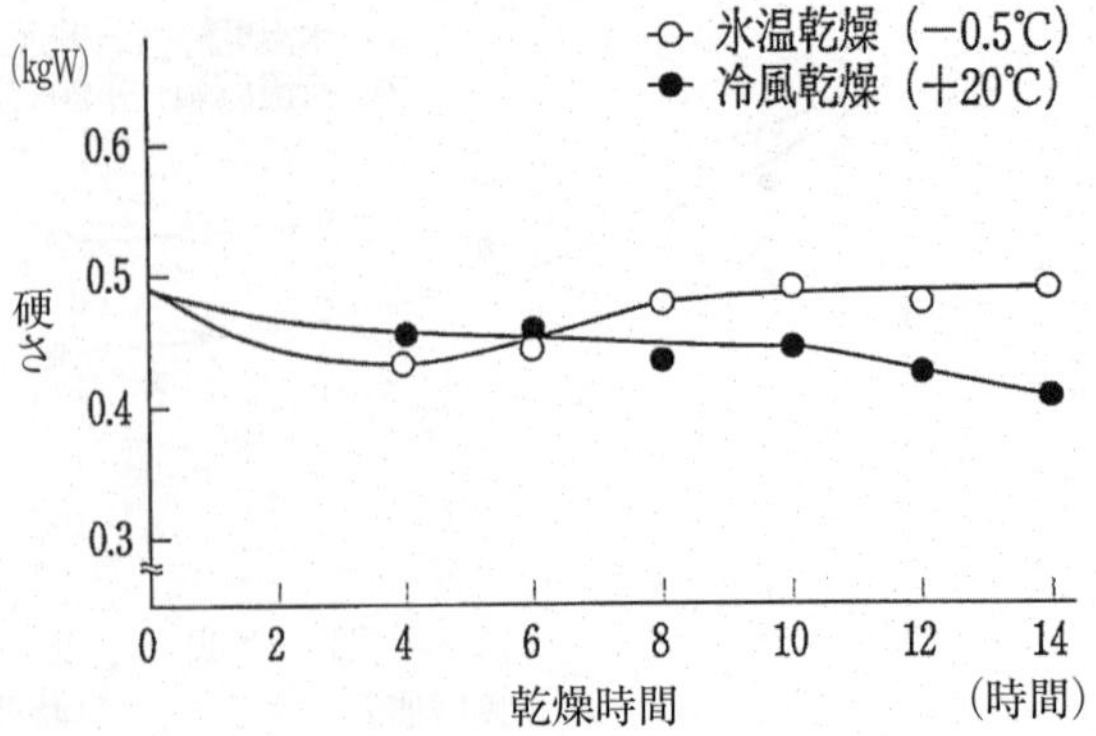

図3-27 乾燥方法が茹で後の硬さに及ぼす影響（麺）

(3) 乾燥工程の終点「乾死点」

すでに、温度の面からみた動植物の生死の基点は0℃ではなく氷結点であることを指摘したが、氷温乾燥法にも重量減少率（乾燥度合い）からみた生死の境界がある。この境界点を「乾死点」(Drying Death Point) と名づけた。

乾死点はそれぞれの原料において異なり、ホウレンソウの場合は約30～40％、大根葉や春菊の場合は約40～50％、アスパラガスやバラの花は約10～15％であることが明らかになっている。

それぞれの乾死点を超えて乾燥をさらに進めてしまうと復元しなくなってしまうので、製造上の乾燥工程の終点は乾死点直前までとするのが望ましい。また、乾死点はより低温になればなるほど高くなり、氷温域で最高値となる。

つまり、氷温域で生体はかなり乾燥が進んでも生きた状態を維持しており、寒干し技法で得られた乾燥食品が新鮮でおいしいことを証明しているのである。

7　氷温濃縮

(1) 高品質の濃縮果汁を作る「氷温真空濃縮技術」

現在、一般的に流通している濃縮果汁の場合、濃縮の過程で水分を蒸発させる目的で高熱を加えるが、香りは逃げ、変色して品質が低下する。また、凍結濃縮技術は凍結させた後、水分を除去するので、細胞が破壊され、本当の生の状態ではなくなってしまう。しかも設備投資、果汁回収率に難があり、コスト高が問題となる。

これらの方法と比べ氷温真空濃縮技術は、0℃以下、氷結点までの氷温域で、果汁などに含まれる細胞を壊さない状態で濃縮したり、果汁の変質を最小限にくい止めたりすることができ、生の細胞を含むきわめて高品質の濃縮果汁が得られる。つまり、生体濃縮に近い状態の濃縮果汁である。

氷温濃縮技術・氷温真空濃縮機は、0℃以下氷結点までの氷温域で生きた細胞を眠らせて、短時間に乾燥させる氷温真空乾燥技術および氷温真空乾燥機を開発後、さらにこれらの概念を拡大したものである。なお、この技術を用いて得られた製品が氷温濃縮食品である。

今後は氷温濃縮技術を用いて、現状の果肉飲料、ペースト、ジャム類はもちろん、魚肉、畜肉などのエキスの濃縮や、この氷温濃縮物のすり身などへの展開にも期待を寄せている。

では実際、農産物を原料として氷温真空濃縮した具体例を紹介しよう。

(2) 氷温真空濃縮技術を用いた農産物

温州ミカンについて0～マイナス1℃の氷温域で、1～100mmHgの真空度で濃縮すると、7時間後に重量で約4分の1、Ｂｒｉｘ（果汁濃度）で約3倍に濃縮できる。この果汁は減圧濃縮法（80℃）と比較して色、食味とも良好であり、生の風味を十分に保持した製品である。

トマトについては4時間で、重量約2分の1、Ｂｒｉｘ約2倍の濃縮物となる。品質はすべての点で優れ、温州ミカン同様、生の細胞の状態が十分感じられる濃縮物である。この果汁を顕微鏡で観察したところ、濃縮直後の果肉細胞は生の細胞に近い状態であることが確認されている。

また、本来、芳香性の乏しい二十世紀ナシの氷

表3-28 氷温区と+40℃区における官能の比較
（二十世紀ナシ濃縮還元）

	色	味	香り	特　　徴
氷温区	＋＋＋ 白緑色	＋＋＋ 生の味	＋＋ 生の香り	生果汁の白緑色をそのまま残し、梨の香りを有す
＋40℃区	＋ 茶褐色	＋ 独特の加熱味	＋ 独特の加熱臭	茶褐色に変色し、飲むとリンゴ果汁のような味を有す

＋＋＋非常に良い，　＋＋良い，　＋悪い

温濃縮物は、水を添加するとクロロフィルの緑色が鮮やかに残り、味、香りとも原果汁とまったく変わらない生果汁に復元することができる（表3-28）。

濃縮物の鮮度をさらに効率的に高めるため、濃縮装置内に減圧蒸発加熱と不活性ガス加熱をとり入れることによって、1回の濃縮処理で15kgの果汁を温州ミカンは1・5時間、二十世紀ナシは1時間で5分の1（Brix10～50）にまで濃縮できる。濃縮中の品温は0～マイナス1・0℃の氷温域が維持されている。また、搾汁中に褐変など品質劣化が著しい二十世紀ナシについては、アスコルビン酸と食塩の併用がその防止に効果を示す。

(3) 氷温真空濃縮物の保存

氷温濃縮物の保存法については、温州ミカン、二十世紀ナシとも6倍以上（Brix60以上）濃縮すると氷結点がマイナス20℃以下に下がることがわかり、冷凍庫でも未凍結状態を示すことから、冷凍庫が氷温庫として利用できる。さらに、貯蔵された氷温濃縮果汁は、一般生菌数が減少する傾向を示し、流通時の品質維持のみならず腐敗の抑制につながるものと考えられる。

四、氷温関連技術と新技術開発

1　氷温予冷

トウモロコシ、ホウレンソウなどは収穫後の鮮度が落ちやすく、予冷の必要性が高い作物である。一般的には、差圧予冷、強制通風予冷、真空予冷といった方法がとられているが、品温はすべてプラス側に設定されている。

しかし、長期貯蔵を考えた場合、各野菜、果実に関して適切な冷却速度が求められ、氷温域に導入する氷温予冷が必要であると思われる。これまでの研究により、氷温予冷では呼吸が著しく抑制されるのみならず、常温にもどしても呼吸量が上昇しにくい傾向が観察されている。

実際、トウモロコシでは氷温予冷後に氷温貯蔵したものは全糖の維持性が高く、従来の方法と比較して2～3倍の維持率を示し、遊離アミノ酸含量の増加も確認された。氷温予冷と氷温貯蔵との組み合わせは、鮮度保持のみならず、味覚や風味を増したおいしい野菜、果実が提供できる技術であるといえる。

しかしながら、従来の予冷法と同様に、氷温予冷でも、急速な冷却による野菜・果実類への過度なストレス付与、ないしは予冷後に急激に昇温した場合の品質の劣化には注意を払わなければならない。段階的な降温処理（ステップクーリング）や昇温（ステップコンディショニング）処理は非常に有効であり、野菜・果実類からの二酸化炭素呼出の抑制、色調の保持、ビタミンC減少の抑制効果が確認されている。

2　アイスコーティングフィルム貯蔵

(1) 多層構造野菜の低温障害問題

氷温貯蔵では貯蔵温度がマイナス、すなわち0℃以下なので、生ものの貯蔵の場合、乾燥による萎凋《いちょう》、低温障害または部分凍結に注意しなければならない。とくにキャベツのような多層構造の野菜の場合は、貯蔵温度の設定をまちがえると糖分の少ない外葉面から低温障害が起こる。

そこで、懸念される低温障害を防止する方法として、直接寒気に触れる外葉面の保護膜的な役割を果たすとされる人工霜、人工氷、人工雪などを果実、野菜の表面に薄くコーティングして冷却速度の調節を行うことができないか検討を行った。

(2) 2カ月間とりたての状態だったキャベツ

キャベツの氷結点（マイナス1・3〜マイナス2・2℃）より少し低いマイナス3℃の環境のなかで、あらかじめ0℃近くまで冷却した水を間欠的に噴霧し、キャベツの表面に氷の膜を形成させると、8時間程度の処理で平均5㎜程度の厚さの氷を覆うことができる。このように前処理を行ったキャベツをマイナス0・8℃の氷温域で貯蔵すると、氷被膜処理時に外葉面に部分的に発生した低温障害が、2カ月貯蔵後に濃緑色化し凍結となって現れる。しかし、この部分は約4時間室温に放置することにより、徐々に復元し、肉眼的には元の正常な状態に戻った。

すなわち、本法によると、心配された乾燥による萎凋、低温障害、部分凍結などを一挙に解決できることが判明したのである。この貯蔵法をアイスコーティングフィルム（I・C・F＝Ice Coating Film）貯蔵と名づけた。本試験によりキャベツは2カ月間とりたて、もぎたての状態で保持できることが明らかとなった。

⑶ 室温で生きた状態に復元

凍結した部分が完全に復元しているかどうかを詳細に検討するため、生の新鮮な組織、アイスコーティングフィルム処理中に凍結したところの組織、これを室温に数時間置いて復元させた組織、および極端な例としてマイナス20℃で凍結させた組織と、この解凍した組織のそれぞれを顕微鏡観察にて比較検討した。

まず、アイスコーティングフィルム貯蔵によって生じた部分凍結組織ならびにマイナス20℃で凍結させた組織についてみると、両区とも細胞質が収縮して細胞膜との間にかなりの空隙が確認された。

一方、アイスコーティングフィルム貯蔵による凍結部分を室内に置いて復元させた組織とマイナス20℃で凍結後、解凍させた組織では、細胞膜と細胞質の間にわずかな空隙の差はあるものの、一見両者に大きな違いはないように見受けられた。

ここでさらに、原形質分離法を用いて、両細胞の生死についての検討を行った。高張液に浸した結果、原形質分離（植物細胞の生理現象）の有無を観察では原形質分離は認められないが、マイナス20℃で凍結後、解凍した組織ではアイスコーティング貯蔵による凍結部分を室内に放置し、復元させた組織では、ほぼすべての細胞に原形質分離が認められた（写真4－1）。

以上のことから、マイナス20℃で凍結させた組

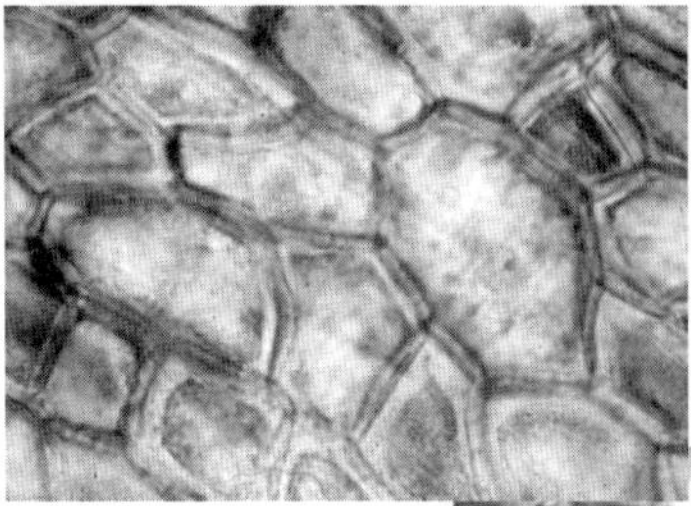

左：－20℃で凍結後、解凍した組織（原形質分離を起こさない）

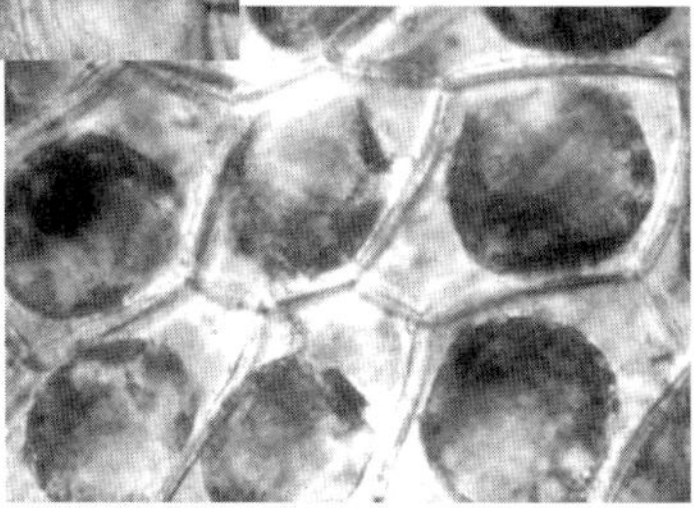

右：I.C.F.処理による凍結部分を復元させた組織（原形質分離を起こす）

写真4-1 凍結（−20℃）およびI.C.F.処理によるキャベツ解凍後の原形質分離の様子

織では細胞は死んでしまうが、アイスコーティングフィルム貯蔵による凍結部分の組織では細胞は損傷を受けずに生きており、室温に置くことにより生きた状態で復元することが実証されたのである。

3 氷温ジェルアイスによる氷温輸送

(1) 氷温域を維持しながら輸送する技術

氷温流通技術の確立には食品の生産、加工、流通、販売において氷温域など低温での温度管理が求められる。現状、氷温技術の導入を可能にする氷温機器類がすでに開発、販売されており、氷温庫、氷温ショーケースなど流通の根幹に関わる業務用氷温機器類から医学・理化学研究に最適な電子氷温庫、さらには大型でありながら、プラスマイナス0・1℃の温度制御を可能にした高精度氷温倉庫や氷温域を維持しながら貯蔵庫内の空気の組成を調整することができる氷温CA庫まで開発されており、それぞれ食品の流通の現場に相応しいシステムを整えることができる。

さらに、輸送中の食品の品温を氷温の温度域で長時間維持できる氷温流通技術が開発されている。この流通技術は氷温の温度域を維持することができる氷温ジェルアイス(直径0・1～0・5㎜程度の細かい球状の氷)を利用するものである。この氷温ジェルアイスは、海水をろ過殺菌した後、塩水製氷装置にて連続的に製造されたジェル状の氷であり、塩分濃度を変えることにより、氷温ジェルアイスの温度も自由に調整することが可能となる。この氷温ジェルアイスは、従来の角氷(ブロックアイス)や削氷(フレーク氷)などと比較

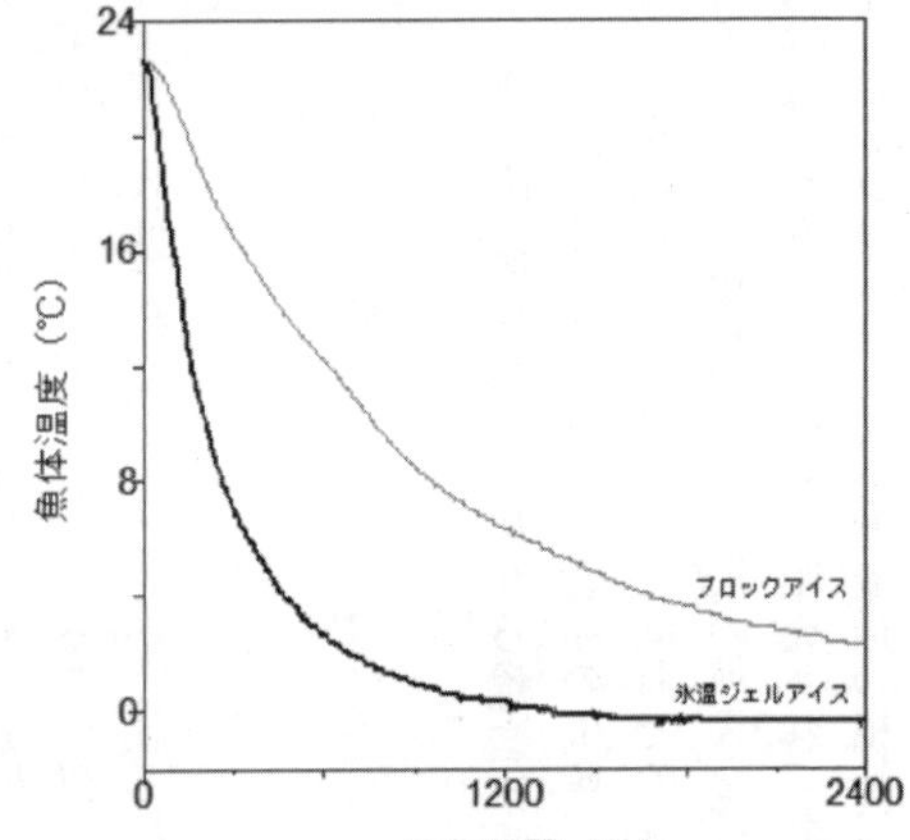

図4-2 氷温ジェルアイスの鮮魚冷却保持効果

して、製氷コストは低く、また、細かい粒子状の氷であるので水道感覚で利用することができ、鮮魚や生鮮農作物に対する冷却効率も非常に高い(図4-2)。

(2) 氷温を維持した生クロマグロ輸送

実際、氷温ジェルアイス(マイナス1・9℃、塩分濃度3・3%)を用い、生クロマグロ(ラウンド)の輸送試験を試みた。輸送前の冷却された生クロマグロの品温はマイナス1・8℃であり、発泡スチロール内に氷温ジェルアイスを入れ、宅配チルド便にて20時間の輸送試験を行った。その結果、到着時の品温はマイナス1・7℃と低く維持され、氷温ジェルアイスもほとんど溶解していなかった。

また、この氷温の温度域で輸送(氷温輸送)された生クロマグロは肉色が鮮やかな赤色(オキシミオグロビン)ではなく、赤紫色(還元型ミオグロビン)を呈していた。そこで、鮮やかな赤色に発色させた後に食味検査を行ったところ、肉色、身の硬さ、食感のいずれについても良好であり、鮮度が高く保持されていることが確認された。

(3) ブリの身割れを軽減

さらに、ブリの加工、流通に氷温ジェルアイスを用いることにより、プレートアイスを使用した場合および一般的な締め方(野締め)よりも鮮度が高く、食味検査でも生臭みがなく、身がしっかりしておいしいという評価が得られた。また、ブリ養殖では夏場によく身割れが発生し、商品価値がなくなってしまうという問題をかかえている。実際、プレートアイスを用いた従来法では水揚げ

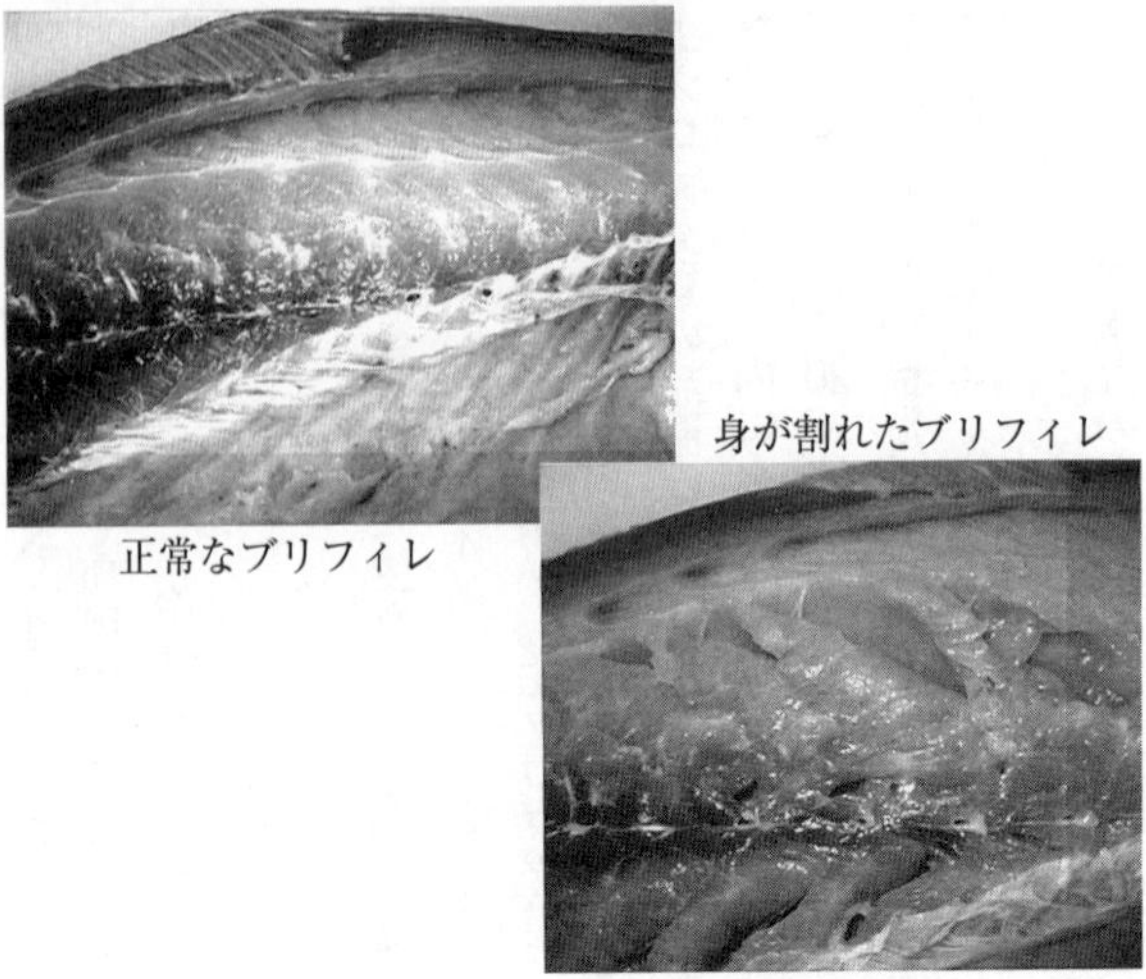

正常なブリフィレ　身が割れたブリフィレ

写真4-3 夏場の高海水温時における身割れ

量の5~10%発生していた身割れが、氷温ジェルアイスを用いることにより、2~3%に軽減されることも確認されている（写真4-3）。

(4) カキの食味向上

次に、生カキについて氷温ジェルアイスの高品質化効果を調査した。大分県産マガキ（陸上飼育、2月に漁獲）、宮城県産マガキ（三陸沖合養殖、7月に漁獲）および鳥取県産イワガキ（天然、6月に漁獲）を用い、氷温ジェルアイスを用いて氷温処理を施した生カキの品質などを調査した。なお、氷温ジェルアイスを用いたステップクーリング処理後に1日間氷温状態を維持したものを氷温処理区とし、また、処理前の生カキを無処理区とした。

その結果、3種の生カキの食味検査を行ったところ、すべての生カキで氷温処理区は無処理区に比べて、甘味が強く、コクがあり、生臭みが少ないという評価が得られた。

①総遊離アミノ酸含量の増加

すべての生カキにおいて、氷温処理区は無処理区に比べて総遊離アミノ酸含量が多く、氷温処理によって2割から4割程度増加していることが確認された。とくにカキのおいしさに関与する甘味を呈するグリシン、アラニン、うま味を呈するグルタミン酸の増加が著しかった。加えて、低温ストレスや乾燥ストレスで増加することが知られる、甘味呈味性遊離アミノ酸プロリンの増加も認められ、氷温処理によって生成されたものと思われた。

②ＡＭＰ量の増加

貝類のうま味成分の一つとされているＡＭＰも、氷温処理区は無処理区に比べて3割程度増加した。

③グリコーゲン含量の増加

カキのコクに関与するグリコーゲンについて比較したところ、すべてのカキで氷温処理区は無処理区に比べて増加しており、大分県産で63％、宮城県産で55％、鳥取県産で38％増加した。

これらの結果から、氷温ジェルアイスを用いた氷温処理は、生カキの高品質化技術として有効であると判断された。

⑸ 氷温ジェルアイスの応用

アサリ（三重県産、愛知県産）も氷温ジェルアイスを用いた氷温処理によって、コハク酸およびアスパラギン酸、グルタミン酸、グリシン、アラニンが増加することが確認され、味が濃く、甘味が強いといった食味と高い相関性を示すことも確認されている。

この氷温ジェルアイスの応用範囲は広く、ほとんどすべての魚種に応用できることから生鮮食品の高鮮度保持化や高品質化、さらには氷温輸送や、漁獲直後、活き締め後の鮮魚の急速冷却にも用いられている。また、5℃以下の冷蔵庫の中であれば、発泡スチロール内の氷温ジェルアイスは約1週間後であってもマイナスの温度を維持することができるため、氷温設備がない外食のバックヤードでの生鮮食品の短期的な氷温貯蔵にも利用されている。

また、氷温ジェルアイスは生鮮物の鮮度保持だけでなく、凍結物の解凍への応用も進められている。氷温解凍処理時間の短縮化、あるいは流通中に解凍処理を行うといった場合に、氷温ジェルア

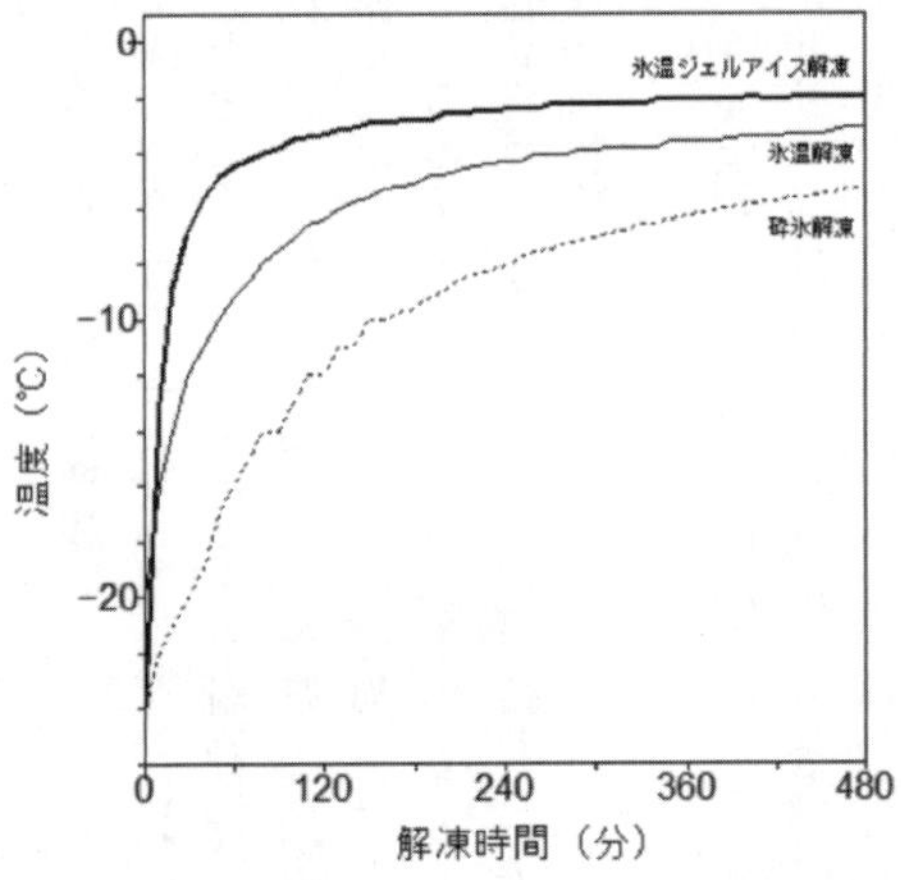

図4-4 氷温ジェルアイスの解凍時間短縮効果

イスを用いることで、より高鮮度・高品質を保持しながら解凍することが可能となる。実際に、凍結した牛肉の塊について、マイナス1・0℃環境下で、そのまま静置（氷温解凍）、細かく砕いた塩水氷で包み込んで静置（砕氷解凍）、氷温ジェルアイスに浸漬して解凍（氷温ジェルアイス解凍）したところ、氷温ジェルアイス解凍は、砕氷解凍、氷温解凍に比べて速やかに品温が上昇していることを確認している（図4－4）。

この氷温ジェルアイスを用いた氷温処理は、さまざまな技術を組み合わせることでさらにバリエーションが広がる。たとえば、氷温ジェルアイスを用いた氷温処理の後に急速凍結機などをセットアップすることによって、高品質な冷凍食品を製造することができ、実際、この一連のシステムを用いて、生カキなどが海外輸出されて高い評価を得ている。

さらに、ナノテクノロジーで食品の腐敗や酸化に関わる酸素を窒素に高速で置換することができる低溶存酸素技術が開発されているが、この技術と氷温ジェルアイスを組み合わせることにより、鮮度保持効果をよりいっそう高めることが明らかになっている。

氷温ジェルアイスの利用によって、氷温管理や輸送など氷温流通システムの高度化が可能となり、産地の鮮度やおいしさをそのまま消費者に提供することも可能となるので、従来の生鮮食品流通のみならず食品貯蔵や加工の概念を大きく変えることになるであろう。

4　氷温CA貯蔵と氷温MA包装

(1) 従来のCA貯蔵との違い

従来のCA貯蔵（Controlled Atmosphere Storage）は、貯蔵庫内における空気中の気体の組成を人工的に変え、冷蔵と組み合わせて、主に生鮮果実を貯蔵する方法である。果実などの青果物は、肉類や魚介類とは異なり、収穫後も呼吸作用を持続している。この呼吸作用により、青果物中の糖類などの貯蔵成分が損耗するため、品質が低下していく。したがって、品質の低下を防ぐには呼吸作用を抑制する必要がある。

空気中の気体組成は酸素21％、二酸化炭素0・03％、窒素78％、その他となっているが、この気体組成を低酸素（1～10％）、高二酸化炭素（1～10％）濃度にコントロールすると、青果物の呼吸を効果的に抑えることができる。ただし、酸素および二酸化炭素の濃度は農産物の種類、熟度などによって異なる。

これら空気の組成を調整することに加えて重要なのが、冷蔵で保存することである。一般的に温度を10℃下げると、呼吸量は2分の1～3分の1にまで抑制される。

そこで、この管理温度を氷温域まで引き下げ、従来のCA貯蔵より格段の鮮度保持を可能にするのが氷温CA貯蔵（Hyo-On Controlled Atmosphere Storage）である。

実際、前述の西条柿の貯蔵性は3～4カ月に、富有柿では6カ月以上に延長され、とれたて、もぎたての鮮度を長期間保持することが可能となる。その他、リンゴ（フジ）で10カ月以上、ナシ

（二十世紀）で8カ月以上、カボスでは5カ月以上、平兵衛酢で4カ月以上、ニンニクで8カ月以上の高鮮度保持効果を確認している。

⑵ 低コストの氷温ＭＡ包装

また、原理はＣＡ貯蔵とほぼ同じである青果物の鮮度保持技術にＭＡ（Modified Atmosphere）包装がある。これは、農産物に適度な酸素を与えつつ、一方で二酸化炭素の濃度を上げて呼吸を抑制する呼吸コントロール方法の一つであり、青果物の呼吸と包装フィルムのガス透過性の相互作用により、袋内酸素濃度と二酸化炭素濃度を調整することで鮮度が保持されるものである。このＭＡ包装と氷温貯蔵を組み合わせた、氷温ＭＡ（Hyo-On Modified Atmosphere）包装により、南方系果実類、柑橘類、柿、豆類、穀類などに対して、氷温ＣＡ貯蔵より簡便に、そして低コストで農産物の鮮度が高く保持できることが確認されている。

5　氷温新技術開発

⑴ 氷温雪中貯蔵

氷温技術は氷温貯蔵、氷温熟成、氷温発酵、氷温乾燥および氷温濃縮を中心に開発研究が展開してきており、氷温予冷、アイスコーティングフィルム貯蔵、氷温ジェルアイスによる氷温輸送、氷温ＣＡ貯蔵および氷温ＭＡ包装など、多彩な氷温技術を開発してきた。

さらに青果物の保存技術として、「氷温雪中貯蔵」技術を開発した。雪、氷といった冷熱資源は古来より利用してきた歴史があるが、氷温環境の中で雪を冷媒として用いて野菜や果実を貯蔵すると、鮮度を高く保持できるのみならず、甘味やうま味が向上するといった生体熟成効果が確認されている。実際、白ネギ、白菜、ニンジン、ダイコンといった野菜や二十世紀ナシ、ピオーネ、柿を用いて、通常の氷温貯蔵と比較したところ、氷温雪中貯蔵することにより、さらなる熟成効果が認められたが、これは、青果物が雪と接触することにより、生体防御機構が促進されたものと解釈している（写真４－５）。

(2) 練り製品の弾力性向上

魚肉練り製品は魚のすり身を主原料とし、食塩を加えて練って成形した後、加熱によりゲル化させて製造した食品であるが、この一連の製造工程において、氷温技術の導入による練り製品の高品

写真4-5 生体に雪の接触ストレスを与える

質化の検討を行った。

　ミンチ状のすり身に食塩や調味料、でん粉など副原料を加えて練り上げる工程を氷温の温度下で行う「氷温擂潰《らいかい》」を行ったところ、原料魚の鮮度を落とすことなく塩溶性たん白質が重合してアクトミオシンを形成するため、魚の腐敗臭など一切なく、弾力性の高い高品質な練り製品を得ることが可能となった。

　加えて、擂潰後に得られた練りものは成形後、坐り工程に入り、加熱され製品となるが、この坐り工程を氷温の温度域で行う「氷温坐り」により、まろやかな味覚・風味と上質感あふれる「アシ」(弾力性、軟らかさ、歯切れのよさ)を有する練り製品を得ることができた。

　一般的に、練り製品のアシ作りにおいて坐り工程は重要である。坐りには、10℃以下の低温で一昼夜放置する低温坐りと、30～40℃の雰囲気下で数十分から数時間放置する高温坐りとがあり、低温坐りは高級品が対象となっている。原料である魚の種類によっては高温坐りでないとゲル化しないものもあるが、氷温坐りを行うことによって、練り製品の高品質化が可能であることが確認された。

(3) 氷温フライディング

　これら練り製品製造において原料となる魚の鮮度は、最終製品の品質に大きく関与しているが、同様に農産物、畜産物の加工食品の製造においても、原材料の鮮度は高ければ高いほど高品質加工食品の製造が可能となることが知られている。

　そこで、農産物の冷却にはマイナス0・5～マイナス1・0℃の過冷却水を用い、また水産物などにおいてはマイナス2・5℃~マイナス3・0℃の過冷却海水を用いて、収穫直後、漁獲直後の原材料を浸したり、くぐらせたりすることにより氷温の温度域ないしは超氷温の温度域まで急速に冷却する方法、「氷温フライディング」を開発した。

本技術を用いることによって、イワシ、アジ、サバあるいはブロッコリー、アスパラガス、ネギなど生鮮食品の鮮度を高く保持させることができ、この高鮮度原材料を用いることにより、練り製品、醤油漬けあるいはマリネ、漬物など高品質な加工食品を製造することが可能となった。この「氷温フライディング」は前述の氷温ジェルアイスの利用技術とは異なり、ジェルアイス製造装置がなくても、水、海水および氷温庫ないしは冷却チラーと水槽があれば容易に利用することができる。しかし、長期の輸送や宅配などへの応用は困難であり、あくまでも長期貯蔵、熟成の前処理的な急速予冷技術として位置づけることが重要である。

(4) 氷温微乾燥熟成

農畜水産物などの生体は低温、塩および乾燥によって、細胞レベルではほぼ同様の生体防御反応を示す。これらの物理的ないしは化学的なストレスはすなわち共通して細胞の浸透圧ストレスであると言い換えることができる。このなかでも、乾燥ストレスは寒冷地などにおいては低温ストレスに次ぐ一般的なストレスである。

そこで、氷温域にてわずかに乾燥させることにより、生体濃縮と乾燥ストレスによる生体防御反応が引き起こされ、単・少糖類やアミノ酸類が相乗的に増加し、結果として、生鮮食品のうま味や甘味を増すことを目的とした技術、「氷温微乾燥熟成」技術を開発した。

繰り返すが、これは、乾燥食品の製造を目的とするのではなく、あくまでも生鮮食品の鮮度を維持しながらうま味や甘味を増すことを目的とした技術である。乾燥度合いは、生体の生命力（鮮度）や環境温度によっても変動するが、おおむね生鮮重あたり0・5~10%程度であり、これを超えて乾燥すると水に浸漬しても復元しなくなるので注意を要する。

実際、ダイコン、ニンジン、白ネギ、牛肉（モモ）、豚肉（モモ）、ズワイガニ、クロザコエビなどにおいて約10%程度の単・少糖類含量、アミノ酸含量の増加を確認した。この「氷温微乾燥熟成」技術は、青果物においては若干乾燥しているので、輸送中のスレや傷みの軽減効果が確認されており、また、畜肉や水産物においては表面の微生物増殖の抑制につながり、生鮮食品の高品質化を可能にする技術として、今後の新たな展開が期待されている。

ここではいくつかの氷温新技術および氷温技術の新展開を紹介したが、現在も食品の高鮮度保持化、高品質化ないしは有害微生物の減少化を可能にする新しい氷温技術を開発しているところである。

6 氷温の効果

(1) 氷温技術の三大効果

氷温技術を用いることで鮮度を高く保持しながら、大寒ないしは寒の旬のおいしさを基調とした味覚・風味を付与することができ、また、安全性の高い食品の提供が可能となる。氷温技術の効果は多岐にわたっており、食品の種類ごとに効果もそれぞれ異なるが、共通的な効果で整理すると、次の3つの大きな効果にまとめることができる。これを氷温技術の三大効果とよんでいる。

　これらの効果は前述の氷温貯蔵や氷温熟成などに関する研究成果からも理解されるように、それぞれ単独で食品に現れることもあれば、2つないしは3つの複数の効果が相加的に、または相乗的に食品のおいしさを引き出すこともある。いずれにしても、氷温技術によって得られた食品は、三大効果の少なくとも一つの効果が確認されなければならないので、後述の氷温の認定検査基準における基本構成となっている。

①高鮮度保持化～氷温では鮮度が保持される

　まずは写真を見ていただきたい。写真4－6は

冷蔵（+1℃）　　氷温（-1℃）

写真4-6 二十世紀ナシの氷温貯蔵（貯蔵9カ月後）

二十世紀ナシを冷蔵（1℃）と氷温（マイナス1℃）でそれぞれ9カ月間貯蔵してみたものである。外観は冷蔵のものは赤ナシのような茶黄色を呈しているのに対し、氷温域で貯蔵したものはもぎたての淡緑色を保持している。また、切断し、内部を比較してみると、冷蔵で貯蔵したものは芯腐れが発生しているが、氷温域で貯蔵したものは収穫直後の鮮度を高く保持していることがわかる。二十世紀ナシは、従来の技術では長期貯蔵が困難で1～2カ月ぐらいしかもたない果実だが、氷温状態では9カ月もの間、鮮度を保つことができるのである。

そもそも低温で管理するのは、農産物であれば収穫後の呼吸代謝の抑制を主には期待するものであり、切り身魚や畜肉類では嫌気的グリコリシス（解糖）を中心とした生体内のさまざまな酵素反応の抑制と、腐敗菌などの増殖抑制といった鮮度保持効果を期待するものである。氷温の温度域は凍結直前の温度域であるので、論理的にも、また実用レベルにおいても冷蔵やチルドといった低温管理技術のなかでもっとも高い鮮度保持化が可能である。

このような氷温技術による鮮度保持効果は、さまざまな生鮮食品を用いて調査されており、農産物であれば、色調、呼吸量、重量減少率、硬度、酸度、糖度、ビタミンC含量などを指標として、また水産物や畜産物は色調、目減り率、K値、メト化率、揮発性塩基窒素（VBN）、生菌数などを鮮度指標として冷蔵などと比較すると氷温貯蔵の方が明らかに鮮度保持効果は高いことが理解される。

②高品質化〜氷温ではうま味が向上する

氷温には鮮度、味を落とさず長期間貯蔵できるというだけでなく、うま味成分を増加させる効果も確認されている。そもそも二十世紀ナシの貯蔵の大失敗が氷温の発見につながったわけであるが、このとき食べたナシは、プラスの温度で炭酸ガスを用いて貯蔵（CA貯蔵）していたものとは比較にならないほど甘くておいしかった。ヒラメについても、海水に入れたまま水温を下げて氷温域で眠らせて活造りにすると、魚臭さがなく、うま味やほのかな甘味のある海の香りを呈するヒラメを味わえる。

この効果は野菜や果実、魚介類のような生きたものだけではなく、加工品でも顕著である。カナダ北部などの氷雪地帯に住む先住民族の一つであるイヌイットはアザラシを捕らえると、氷に穴を開け、肉を海水の中に吊して保存する。これは保存が良いだけではなく、味の面でも優れた方法である。生肉の氷結点はマイナス2℃前後であるため、表面の氷上で貯蔵すると完全に冷凍状態になってしまう。また、アイスバーン直下のミゾレ状のところはマイナス3〜マイナス4℃となり、生肉が部分凍結をしてしまう。このような方法では味覚としておいしくなく、ミネラル成分が凍結によって不溶化し、イヌイットのように継続的に摂取する人々に対しては健康面に心配が残る。ところが、氷の下を流れる海水の温度はおおむねマイナス2℃付近にあり、この環境で生肉を貯蔵すると新鮮さが長持ちし、さらにその間に熟成し、うま味が増しておいしくなるのである。

また、麺類を氷温域で熟成させると、コシが強くなり味も良くなる。氷温下ではアスパラギン酸やグルタミン酸、アラニンなどうま味や甘味に関与するアミノ酸が増加し、逆にロイシン、イソロイシンなど苦味に関与するアミノ酸が減少しており、これが味の倍加につながっていることが明らかとなっている。

このようなうま味向上作用は、自然の摂理に基づく氷温技術で可能になる。氷温域は細胞が凍るか凍らないか、すなわち細胞レベルでの生きるか死ぬかの限界温度環境であるため、凍結の危険性から身を守るために、体内で不凍液が生産・蓄積され、この不凍液が自己のもつ氷結点を下げるしくみになっている。後述するが、これらの不凍液の中身が糖類やアミノ酸類を主とした成分であり、これらはまさに甘味やうま味成分でもある。

③有害微生物の減少化～氷温では有害微生物の活動が抑制される

氷温域は興味深いことに、有害微生物や病原性細菌が減少する反面、味覚や風味を向上させる乳酸菌や酵母などが十分活動できる領域でもある。そうなると、今まで殺菌剤や防腐剤を加えなければプラス側での熟成は危険視されていた魚介類の熟成も、0℃以下の氷温域で行うことによって、これらの化学物質を使用しなくとも容易にその目的が達成されるとともに、寒ないしは大寒の旬の味をさらに引き出すことができるのである。

たとえば水産練り製品について酵母を使用し氷温域で熟成を試みたところ、サバ、イワシなど多獲性魚種の欠点とされる魚臭さが消失する一方、うま味成分であるイノシン酸が増加した。

以上のように、0℃からものが凍り始める温度（氷結点）までの未凍結の氷温域で凍らせないようにして食品を貯蔵すると、すべてとれたて、もぎたて、打ちたての自然の風味と食感を保持することができる。さらに、氷温域で熟成、発酵、濃縮、乾燥処理を施したものは、味覚や風味が向上し、寒ないしは大寒の旬のおいしさを味わうことができるのである

(2) 氷温うるおい効果とは

①加熱ムラ、品質低下の原因

一般に、食品中の水分は、ランダムに、しかも不均一に散在している。したがって、食品の加熱加工(調理を含む)工程においては、外部からの熱は食品内部に均等に伝導されていない。その結果、焼きムラ、茹でムラなど加熱ムラが生じ、加えて、食品内部からの部分的なうま味成分の流出、部分的蒸散を招き、食品の外観、テクスチャー、味、風味などにおける品質が低下することがある

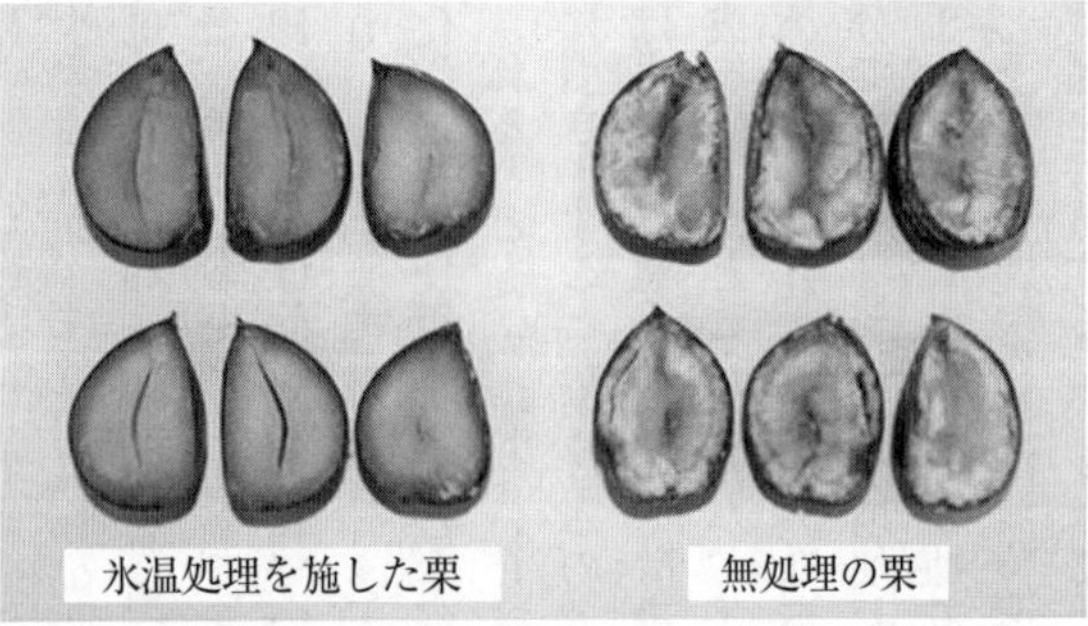

写真4-7 ゆで栗の氷温処理効果

ので、慎重に加熱方法、火力、加熱時間などの条件設定を検討しなければならない。

ところが、氷温の温度域における予冷、貯蔵、熟成、前処理などを適宜施すことにより、加熱時間の短縮、あるいは加熱ムラの低減、加熱食品の品質の安定化、といった加熱加工食品の高品質化が可能となる。実際、3週間氷温処理を施した栗を50分間ボイルしたところ、均一に加熱されており、ホクホクした食感に仕上がっていた（写真4‐7）。

食品中の水分は、食品中に存在する形態から、結合水（bound water）、準結合水（semi-bound water）、自由水（free water）の3つに分類される。結合水は食品成分と化学的に結合しており、一般の乾燥法では蒸発せず、またマイナス30℃近辺にならないと凍結しないとされる。マイナス数十度という厳寒地方でも植物が完全凍結しないで生存できるのは、この結合水の存在によるものである。

準結合水（弱束縛水、溶解水などとよばれることもあり、結合水と自由水の間の結合力を有している水を指す）は、食品中の可溶成分が溶存しており、その結合力は結合水よりも弱い。また、自由水は、食品との結合力は非常に弱く、食品表面の空隙にしみこんでいる水分が多く、また簡単に蒸発することができる。

これらの水のなかでも氷温の温度下では自由水と準結合水が食品細部に、よりいっそう浸透し、食品中の各種成分との親和性を高めていることが示差熱分析によって確認され、電子顕微鏡でも観察された（写真4‐8）。

つまり、氷温貯蔵などの工程中に、不均一に存

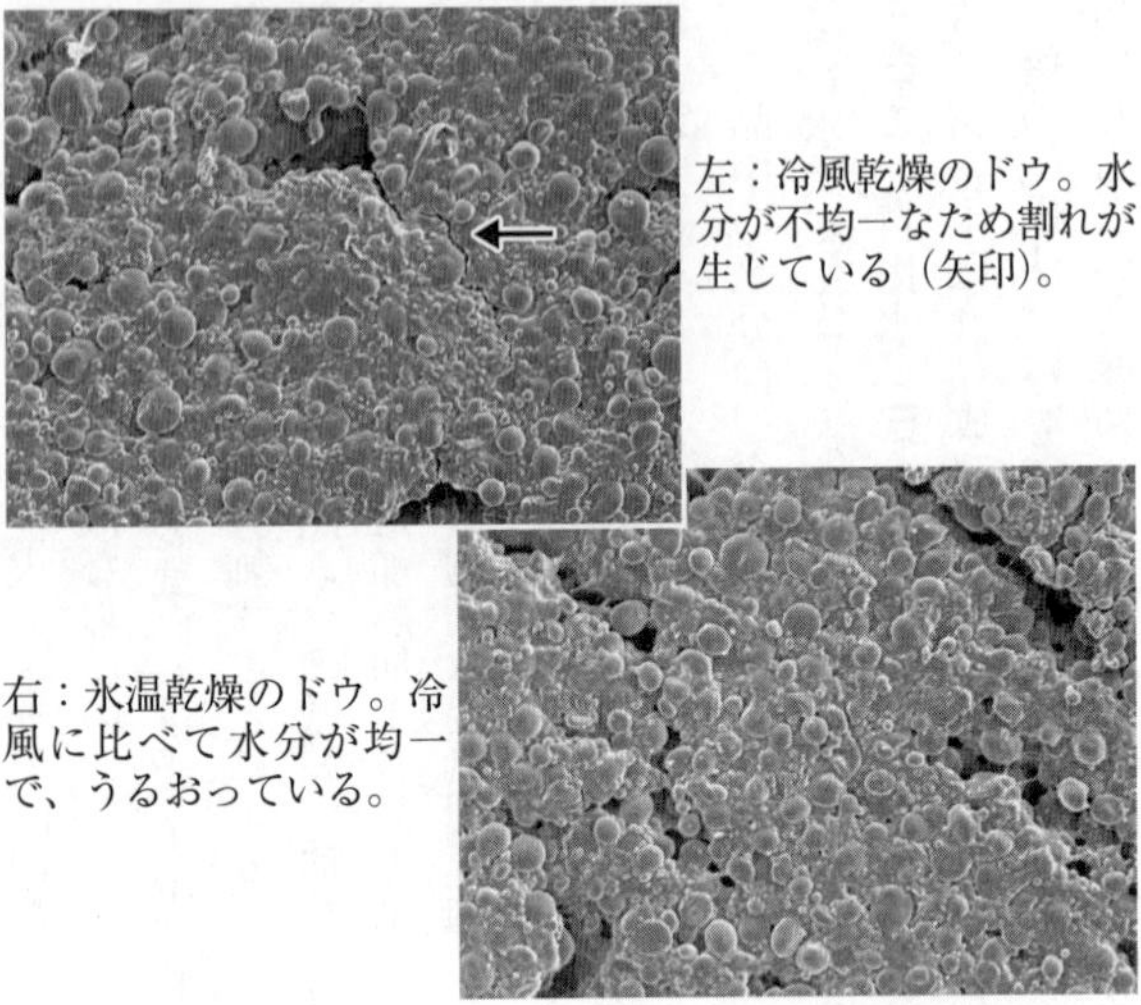

左：冷風乾燥のドウ。水分が不均一なため割れが生じている（矢印）。

右：氷温乾燥のドウ。冷風に比べて水分が均一で、うるおっている。

写真4-8 小麦粉ドウ表面の電子顕微鏡画像

注　：走査型電子顕微鏡（×300）。「ドウ」とは、小麦粉に水を加えて練ったもの。

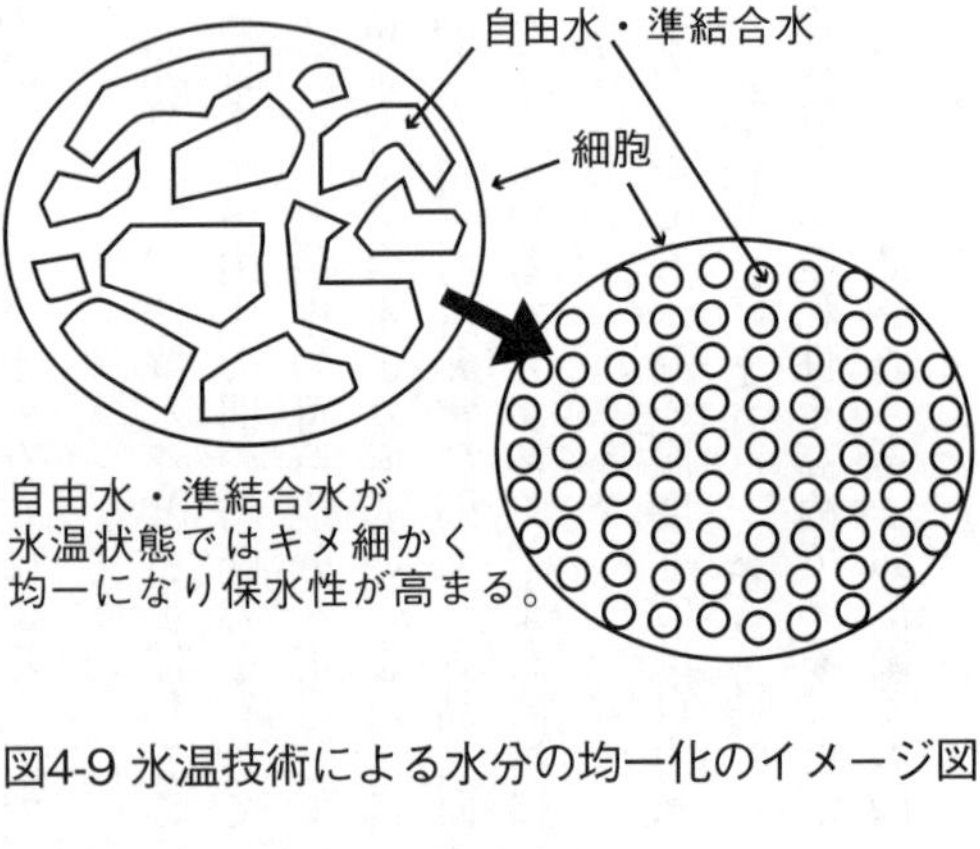
自由水・準結合水
細胞
自由水・準結合水が
氷温状態ではキメ細かく
均一になり保水性が高まる。

図4-9 氷温技術による水分の均一化のイメージ図

在している食品中の水分が、食品のすみずみまで均一に行き渡り、全体的にうるおうことが明らかになった（図4-9）。したがって、これを「氷温うるおい効果」と名づけた。

②氷温うるおい効果の応用

「氷温うるおい効果」によって水分が均一化された食品を加熱加工（調理含む）すると、加熱ムラ、茹でムラのない高品質な加熱加工食品を製造することができる。

たとえば、氷温熟成コーヒーを製造している企業では、コーヒー生豆の貯蔵の際に氷温技術を導入し、熟成を進める工程で豆細胞の均質化が進み、ムラなく焙煎されるとともに甘い香りを醸しだすケトン類成分やアルデヒド類成分が増加することが確認されている。

また、氷温技術であんを製造している企業では、原料小豆の貯蔵、または水浸漬の際に氷温技術を用いることで、吸水率の向上、製造された生あんの色調となめらかさが良好になり、さらには煮熟時間が20～30分短縮されることが明らかとなった。

さらに、氷温熟成甘栗の製造企業では、原料栗の貯蔵の際に氷温技術を用いることで、遊離全糖含量の増加、しっとり感や風味の向上効果が確認された。加えて、甘栗製造では品質のバラつきがよく問題となるが、氷温技術の導入により品質が安定化し、ロス率の低減が可能となった。

③微生物活動の選択性にも関与

この「氷温うるおい効果」は前述の高鮮度保持化、高品質化および有害微生物の減少化といった氷温の三大効果のすべてに関わり、しかもその効果発現の主要因の一つであると考えている。

鮮度と水分の関係はここで改めて触れるまでもなく、とても高い相関性を示し、水分がうるおっている、ということは細胞活性を高く維持させることが可能であることを意味している。

また、高品質化で重要となるメカニズムは、低温ストレスに対するホメオスタシス（次項参照）によって引き起こされる加水分解、つまり低分子化の促進であるが、この酵素反応に水分の存在は肝要であり、細胞のすみずみにて低分子化されることがその生体の耐寒性、耐凍性をより高めるのである。

さらに、氷温うるおい効果によってそれぞれ細胞や食品中のさまざまな成分との親和性が高まり、細胞や食品中の水分が離れにくくなるわけであるが、これは水分活性を低く推移させ、結果として微生物の増殖を抑制するのである。そして、氷温うるおい効果は当然、氷温の温度域で発現するわけだが、この氷温の温度域では活動できる微生物に限りがあり、ある種の乳酸菌、酵母、納豆の発酵に関わる微生物群など有用微生物はゆるやかながら活動できるものの、上述のように有害微生物は減少していくのである。寒や大寒のころにつくられる高品質な発酵食品はこの微生物活動の選択性を上手く利用したものといえるが、この選択性にうるおい効果は大きく関与しているものと思われる。

以上、「氷温うるおい効果」は氷温の三大効果の発現にとって、とても重要な要因であることが理解されたが、この効果はさらに医療分野、美容分野、化粧品などへの応用も可能であり、今後、氷温技術のさらなる広がりにつながるものと期待されている。

7　動植物の耐寒性にみる氷温のメカニズム

(1) 自己防御機能、ホメオスタシス

寒の意味を再度考えてみよう。自然界において植物や動物は、どのようにして耐寒性や耐凍性を獲得しているのであろうか。

マイナス20～マイナス30℃の厳寒地に生育する樹木、あるいは冬眠中のカエル、ヘビ、さらには南極海に棲息しているライギョダマシなどは、なぜ凍結死しないのだろうか。

それは、気温が0℃以下になると、体内で不凍液が生成・蓄積され、この不凍液が適宜皮下層に集積し、自己のもつ氷結点を下げ、本能的に自己を守るしくみになっているためである。

生物は環境に適応し、他の生物とさまざまな関わりをもって生活している。生物は外部からの各種ストレスに対応して自己の内部環境を一定に保持しようとする防御機構を有しており、この現象を「ホメオスタシス」という。この言葉は米国のW・B・Cannonが使った用語であるが、この考え方は、氷温下において観察される生物の諸現象を理解するのに役立つ。

生物のなかには低温や乾燥など生存に不適な条件や環境下におかれると、生命活動を一時的に停止または停止に近い状態、すなわち休眠に入ることによって生き延びることができるものもいる。温度が下がるということも乾燥することも、生物にとっては大きなストレスである。したがって、生物はそのストレスに反応して防御機構が作動することになる。次に示すようにさまざまな生物が

有する防御機構、そこには長い進化の過程において自然から学び、獲得してきた生活の知恵なるものが感じられる。

(2) 植物の耐寒性

①植物の凍結死

高等植物が低温環境下で受ける害は、気象害と病害に分けられる。気象害は寒害と雪害に大別され、寒害は、凍結した植物がさらに致死温度以下にまで冷却されたときに受ける凍害と、水分供給の不足により乾燥して死んでしまう乾燥害の2つに区別される。

凍害を直接受けるのは細胞が凍結するためであるが、その細胞の凍結は細胞外凍結と細胞内凍結に分けられる。細胞外凍結は細胞内の水分の一部が細胞外に移動して氷となり、細胞の外層でのみ氷晶成長がみられる場合であり、細胞内凍結は細胞内にも氷晶の生長点ができて細胞内に氷晶のできる場合である。このほか、器官外に氷晶を形成して器官内細胞への氷晶核形成を妨げることによって生存している器官外凍結の様式も知られている。

一般に動物細胞は細胞外が凍結しても細胞内が凍結しない限り、細胞は凍結死しない。ところが細胞壁を有する植物では細胞外が凍結すると、多くの場合、細胞内も凍結し、細胞は凍結死してしまう。植物細胞は細胞壁が破れて細胞内凍結を起こすと、必ず液胞やほかの細胞内小器官が崩壊、消失する。また、細胞はすでに膨圧を保つ力を失い、組織は漸次くずれて軟化してしまう。

つまり、これが細胞の死を意味する。まだ生長を続けている生育期の植物は、おおむねマイナス

3・0℃くらいに冷却されると凍結して死んでしまう。

②植物の凍結防御機構

しかし植物は、低温順化、耐寒性の獲得などといった防御機構によって、凍結死から逃れることが可能である。たとえば樹木の場合、初秋のまだ気温の高い時期に伸長生長と肥大が停止し、生長点に翌年引き続いて生長を続ける冬芽が形成される。この冬芽には形成が外観上明らかになる少し前に、植物ホルモンの一種で芽の休眠を促すアブシジン酸が蓄積してくる。また冬芽は密な綿毛のある苞《ほう》（花や花序の基部にあって、つぼみを包んでいる葉のこと）や数層の茶褐色の鱗片（冬芽を包むもの）、あるいは樹脂に表面が覆われていて、数カ月の厳しい冬の気象条件の下でも凍結を防止し、かつ脱水・乾燥に耐える能力を有している。

このように物理的に越冬に有利な形態が生長停止後に発現されてくるが、細胞の微細構造にも顕著な変化が現れる。順化初期にはでん粉粒の蓄積とともに、ゴルジ体、粗面小胞体およびポリソームの一過性の増加がある。また、生長期の特徴である巨大な液胞の小型化が始まり、やがて小さな多数の液胞に変わっていく。この小型の液胞は生長期の大型のものよりもはるかに安定していて、凍結など物理的に破壊されにくくなっている。

さらに気温が低下すると、細胞内のでん粉粒は消失し、主としてショ糖に分解されていく。以上のように、低温というストレスに対する防御機構として、細胞の構造ないしは成分に物理的、化学的変化が引き起こされ、休眠状態にいたる。

(3) 動物の耐寒性

①昆虫の耐寒性

寒さに強い動物の代表的なものは昆虫であり、動物の耐寒性の研究の多くは昆虫を材料として行われたものである。これらの研究は、各種の昆虫をいろいろな温度まで冷却して、その生死を観察すると同時に、寒さに強い昆虫に共通した性質を調べることによって耐寒性のしくみを明らかにしようとするものである。昆虫の多くは、マイナス20℃ぐらいの冷却ならば、すぐに凍結することはないが、その体を水でぬらして冷却するとあっさり凍ってしまう。つまり、昆虫はいわゆる過冷却の温度域を上手く利用し、厳寒期であっても凍らないで生き続けることができるのである。

②魚類の耐寒性

食品に関わりが深い魚類の耐寒性、耐凍性については、A・L・ドフリース（米国）らにより興味深い研究がなされている。

南極海のように氷におおわれた海域では、ほとんどの熱帯産および温帯産の魚類は、体液の温度が約マイナス0・8℃になると凍ってしまう。これに対し、南極海に分布する全魚類のうち、種類数で3分の2、個体数で90％を占めるスズキ目ノトセニア亜目の硬骨魚類は、体温がマイナス2・2℃になっても凍らない。さらに、氷の存在しない海水中では、マイナス6℃まで体温が低下しても凍結しないことが知られている。

これは、ノトセニア亜目の魚類の体液に8種の不凍糖たん白質（Antifreeze Glycoprotein）が含まれているからである。

この不凍糖たん白質が氷結点を降下させるメカニズムはわかっていないが、不凍糖たん白質は細胞内において直線状の長い氷の成長前面に吸着されて、氷の結晶が成長するのを阻害していると考えられている。不凍分子そのものの構造は、その中心骨格部から水酸基（-OH）やほかの極性基が枝状に突き出ていることがわかっており、ここが氷と結合する場所と考えられている。実際、糖たん白質の糖分画にある水酸基が不凍性を引き起こす上で重要なことがわかっており、アセチル基（CH_3CO^-）を加え実験的に水酸基を不活性化させると、糖たん白質分子は不凍効果を失ってしまう。

また、不凍糖たん白質は分子量が最大のもので3万3700Da、最小のものは2600Daと小さいので、多くの魚類では腎臓の糸球体によって体外に排出されてしまう。しかし、ノトセニア亜目の魚類の腎臓には糸球体がなく、不凍糖たん白質は体外に排出されないので、この魚類は不凍糖たん白質を再合成するために必要なエネルギーを消費しないメカニズムになっている。

ノトセニア亜目のなかでも耐寒性の強いライギョダマシとコオリイワシには次のような魚体の構造上の違いもみられる。

ノトセニア亜目の魚類の多くは底生生活をしているが、ライギョダマシとコオリイワシは中層に棲息している。ノトセニア亜目の魚類には浮き袋がないが、このライギョダマシとコオリイワシは体のなかに脂肪の一種であるトリグリセリドを蓄えることや脊柱を中空にすることなどにより、比重をほぼ海水と同じにして、浮くためのエネルギーも節約しているのである。

③ほ乳類の耐寒性

ほ乳類についてもかなり多くの研究がなされている。たとえば、マイナス17℃以下の低温下でも生存し続けることが可能なある種のコウモリにおいては、血液中に不凍物質などは見当たらず、心拍数の上昇によって体温を上昇させるといった凍結防御機構を有していることが知られている。このコウモリの血漿《けっしょう》の氷結点はマイナス0・6℃であることから氷結点以下の過冷却状態で冬眠しているものとみなされる。

このコウモリは、体温が5℃以下に下降し始めると心拍数が増加していき、マイナス5℃で最高心拍数（約200回／分）にいたる。その直後から体温は上昇し始め、心拍数は低下の一途をたどり、体温が5℃まで上昇した時点で心拍数10〜20回／分で維持される。そして再び体温が5℃より低下し始めると、この体温上昇機能が作動する。このメカニズムは非常に効率的であり、あくまでも5℃を維持し続けるために、エネルギーの消費を著しく抑制しているものと考えられる。

同様な体温上昇機能をもつほ乳動物として、マイナス18℃の土中で冬眠するリスの例も知られているが、コウモリの場合と同様に、現在のところ血液中に不凍物質などは見出されていない。

④氷温という低温最大のストレス

その他、は虫類などにおいても、低温あるいは凍結を回避するために必要な防御機構を有している。

さまざまなストレスに対する生物の防御機構の発現度合というものは、そのストレスの程度が高ければ高いほど大きいものである。つまり、生物が死に直面する場合に頂点を迎えるものと考えられる。

生物が凍る寸前の温度にさらされるという氷温のストレスは、低温ストレスのなかでも最大のものであると考えられる。その結果、生物は耐寒性ないしは耐凍性を獲得し、生体の構造や代謝の変化を誘導することによって生命を維持しているのである。

(4) 氷温による食味向上のメカニズム

氷温の利活用により、食品としての農産物や魚介類のうま味や甘味を引き出すことができる。しかも、氷温という低温ストレスに加えて、雪氷との接触や乾燥処理など耐寒性や耐凍性をよりいっそう増すような生体の生命力や活性を高めるストレスを加えると、甘味、うま味が増し、大寒の旬の味を再現することができる。

これは生物のストレスに対抗する生体防御反応に密接に関係している。前述のように農産物や魚介類の温度を下げると、凍結の危険性から身を守るために、たん白質や多糖類を低分子化して細胞液中の溶質の分子数を増やし、細胞内の浸透圧を高めることによって氷結点を下げている。この低分子化されたアミノ酸や単・少糖類が、うま味や甘味の成分となるのである。

生体反応のうちでもとくに生化学的反応は、生体内における酵素の作用によって進行するものである。この酵素は、もともと生物のもっている遺伝子からの情報伝達によって生成ないしは活性化するものと考えられる。したがって、氷温の生物的メカニズムも、温度に依存する遺伝子の働きや、温度と酵素反応の関係などにさかのぼって解釈することが必要とされる。

一方、生きている生体そのものを原材料として用いない加工食品製造においては、これまで述べたような生命現象に基づく生体防御反応を期待することはできない。しかしながら氷温下で熟成を進行させることでうま味成分が増加する場合は、氷温下では有害微生物は増加しないため腐敗せず、しかも分解産物がうま味成分や甘味成分となる酵素反応だけが優勢に働いた結果であると解釈される。

ズワイガニや寒ブリは雪が降る頃においしくなる。昔から農漁村では、大寒の時期に野菜や魚の寒干しや酒の仕込みを行ってきた。いずれも寒を利用して防御反応や酵素反応によってうま味を引き出したものであり、伝統的な氷温技術の活用例といえる。

氷温は先人たちのこうした知恵を学問的、理論的に明らかにし、現代の技術によって「寒」ないしは「大寒」の旬の味覚・風味を再現したものである。

五、生態氷温と過冷却温度の利用

1　生態氷温――個体レベルの生死の境

先に、二十世紀ナシの貯蔵の大失敗から、生と死の境が0℃であるのは誤りであり、その境界は0℃以下の氷結点にあることを指摘してきた。しかし、本来、温度的な生物の生と死の境界はとても複雑であり、明確にここまでが生、ここから先が死というように区別することは困難である。

ここでは、細胞の凍結死、すなわち氷結点を基軸にした氷温の世界とは異なり、生物そのもの、つまり個体レベルの生と死を見つめて展開している氷温関連技術について解説する。

たとえば人間では、体温が27℃近辺まで低下すると死んでしまうし、熱帯産の果物であるバナナは5℃以下になると低温障害を起こし黒ずんでくる。生きている動植物のなかには、氷結点まで低下しないうちに個体レベルの死を迎えてしまうものもある。このように、氷結点より高い温度域で個体レベルでの生と死をとらえた世界が生態氷温(Ecological Hyo-On)である。

(1) クリティカルポイントとは

生物の個体レベルでの生と死を分ける臨界温度(クリティカルポイント・critical point)と細胞レベルでの凍結死の境界温度である氷結点について、魚介類を用いて比較検討した。なお、クリティカルポイントについては、活魚介類の体温を降下させていき、暴れる、平衡感覚を失う、呼吸量の著しい変化が現れるといった生体異常が観察された後、最終的に呼吸停止する温度、すなわち、その個体レベルでの死にいたる温度を測定することで確認した。

図5・1は魚類（フグ、アジ、サバ、イワシ、タイ、ハマチ、アラカブ、ヒラメ、カレイ）、甲殻類（ズワイガニ、ダンジネスクラブ）、貝類（イタヤ貝、ホタテ貝）について検討した結果である。これら魚介類の氷結点はマイナス1・1〜マイナス2・0℃で、ヒラメ、カレイ、ズワイガニ、ホタテ貝において氷結点とクリティカルポイントがきわめて接近した値を示している。

魚類についてみると、西日本周辺に棲息しているフグは、氷結点がマイナス1・5℃に対してクリティカルポイントは夏物で6・5℃、冬物で3・0℃である。アジ、サバ、イワシは氷結点マイナス1・5℃に対しクリティカルポイント約

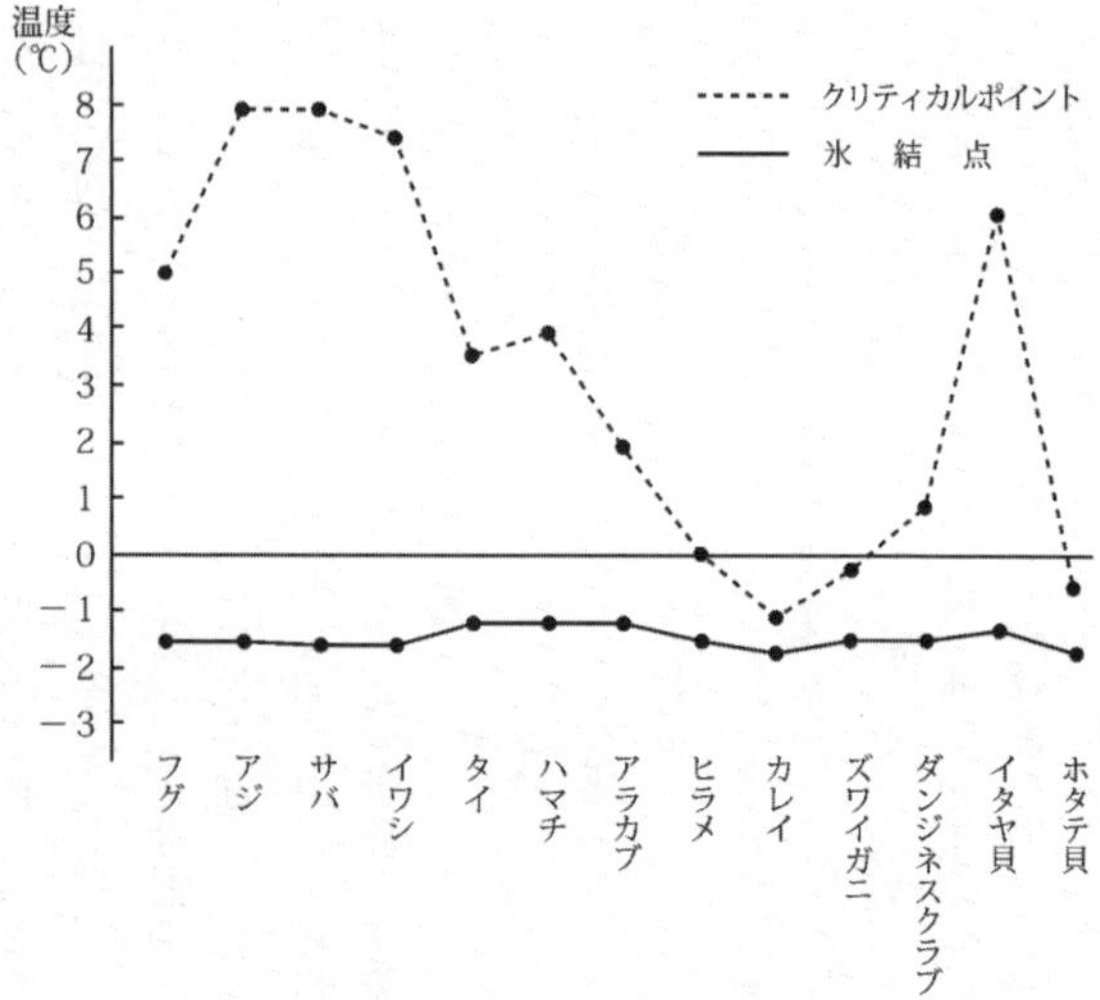

図5-1 魚介類のクリティカルポイント

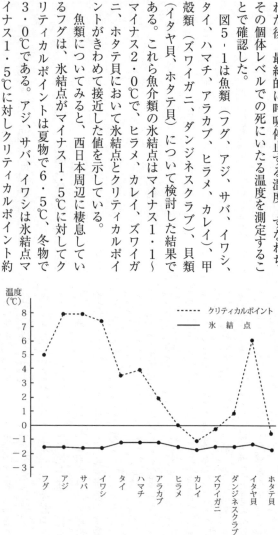

7・0〜9・0℃、タイ、ハマチ、アラカブは氷結点マイナス1・2℃に対しクリティカルポイント2・0〜4・0℃である。ヒラメ、カレイはそれぞれ氷結点がマイナス1・5℃、マイナス1・7℃、クリティカルポイントが0℃、マイナス1・1℃付近にあり、もっとも氷結点に接近していることがわかる。

ズワイガニの氷結点はマイナス1・5℃、クリティカルポイントはマイナス0・5℃である。クリティカルポイント近くの状態を調べると、0℃以下になると急速に呼吸量が減少し、動作もきわめて緩慢となり冬眠状態に入る。氷結点に近いマイナス1・0℃では200日間以上生存した。ところが同じ甲殻類のダンジネスクラブは、クリティカルポイントがやや高く、クリティカルポイント付近の1・0〜2・0℃で動作が緩慢となり冬眠状態に入り、マイナス0・5℃付近で著しく体液を排出し、急速に弱る。そこで再び0℃まで温度を上げると20日間以上生存するが、以後大半が死亡した。

貝類について調べてみると、イタヤ貝はクリティカルポイントが6℃と高く、7℃付近で活動が低下し、5・0℃で急激に死亡率が上昇した。6・0℃では約10日間生存した。ホタテ貝は氷結点がマイナス1・8℃、クリティカルポイントがマイナス0・5℃で、0〜1・5℃付近で活動が低下し、そのままの状態で60〜70日間生存した。

(2) 個体にとって新しい温度のものさし

こうした個体の氷結点と生死を分けるクリティカルポイントとの関係からみると、魚類の場合、氷結点そのものがクリティカルポイントになるものと、氷結点よりかなり高いプラス側にクリティカルポイントが位置するものがあることがわかる。さらに魚類の例でもわかるように、クリティカルポイントの位置は動植物の耐寒性の高さと相関性を示しているものと思われる。温暖地に生育する動植物、つまり耐寒性の低いものはクリティカルポイントがかなり高く、一方、寒冷地に生育するもの、つまり耐寒性のあるものは氷結点にきわめて近いところにクリティカルポイントが存在するといえる。

このように個体の場合、氷結点とクリティカルポイントはかならずしも一致するものではない。生物個体にとっての生死の境界線は氷結点ではなくクリティカルポイントにあるとすべきであり、この概念を生態氷温としてとらえている。生態氷温域はクリティカルポイント発生時点より0℃までの温度域となり、クリティカルポイントの発生時点は生態氷温零度となる。

(3) 生態氷温を氷結点に近づける

温暖地の動植物と寒冷地の動植物ではクリティカルポイントが違うように、生態氷温零度は環境温度に大きく影響を受ける。つまり、温度環境を調節することによって耐寒性を付与し、生態氷温零度をある程度下降させることができる。これは大きな意味をもつ。なぜなら生態氷温零度の位置を氷結点に近づけることは、個体の代謝を抑制し、長期生体保存のカギとなるからである。

実際に、プラス側にクリティカルポイントをもつ耐寒性の弱い魚介類について耐寒性を付与し、0℃以下の氷温域でも生存可能にするための条件づけについて検討したところ、フグについて冷却速度および遠赤外線を照射して段階的に温度を下げていくことによって（ステップクーリング）、氷温域でも約60時間生存することを確認している。

前述したように、夏場のフグのクリティカルポイントは6・5℃、冬場でも3・0℃である。これが耐寒性を付与することによって、0℃以下の温度でも生存させることができたのである。

2　生態氷温を応用した生体保存技術

(1) 水を使わない活魚輸送技術

活魚介類に低温環境を段階的に与えることによって呼吸量を減少させ、いわゆる冬眠状態にすることによって、水を一切用いないで数時間保存することができる。さらに、その冬眠状態の活魚介類を低温（氷温）下で数％乾燥させることによって、生体保存性をいっそう高めることができる。

この生体微乾燥保存技術により、活ヒラメは、水を用いないで約100時間生存させることができる。実際、鳥取県境港市産の活ヒラメをこの技術により冬眠状態とし、空輸にてニューヨークまで運び、マンハッタンの活魚専門店で約50時間後に蘇生させることに成功した。

これは、ステップクーリングによる段階的な体温低下と微乾燥による体液の生体濃縮の相乗効果によってさまざまな生体反応や代謝が著しく抑制され、深い冬眠状態になったためと考えられる。この状態の活ヒラメは、皮膚にワセリンを塗り、空気との接触を阻害してやると数分後には死んでしまうことから、海水中から酸素を大量に摂取しなくても、皮膚呼吸などで空気中からわずかな酸素を直接取り込むだけで、冬眠状態での呼吸代謝のバランスをうまくとることができるのだと思われる。

(2) 氷温ヒラメの研究から医療分野へ

氷温活ヒラメの骨格筋細胞を走査型電子顕微鏡で観察すると、普通の活ヒラメに比べて表面陥凹の数が増加していた（写真5‐2）。一方、ヒラメを死後冷蔵庫で3日間保存していたものは、表面陥凹は消失してしまっていた。

表面陥凹（surface caveolae）とは、筋細胞（筋繊維）の細胞膜で随所にみられる「タコ壷」のような細胞質に向かう落ち込み部分の構造を指す。これは、T細管を欠く平滑筋でよく発達し、一種のカルシウム貯蔵庫であると考えられている。

ここから、氷温下に活ヒラメを置くことによってカルシウムの動態が変化し、表面陥凹の数が増加したとも考えられるが、その正確な科学的解釈は今後の検討課題である。

このほかにも、氷温活ヒラメの冬眠メカニズムに関する知見として、氷温および凍結活ヒラメの筋肉中遊離アミノ酸量の上昇や、筋肉内の不飽和脂肪酸減少と飽和脂肪酸の増加、ストレス耐性を高める酵素NDPkinaseの発現などが確認されている。

氷温活魚はいわゆる冬眠状態で生存しているが、この活ヒラメの生体、細胞、遺伝子レベルでの科学的な解明を進めることは、さらなる氷温技術の深化につながり、食品のさらなる高鮮度保持化や高品質化技術の開発を可能にする。また、氷温技術による臓器や生体組織、細胞の長期保存な

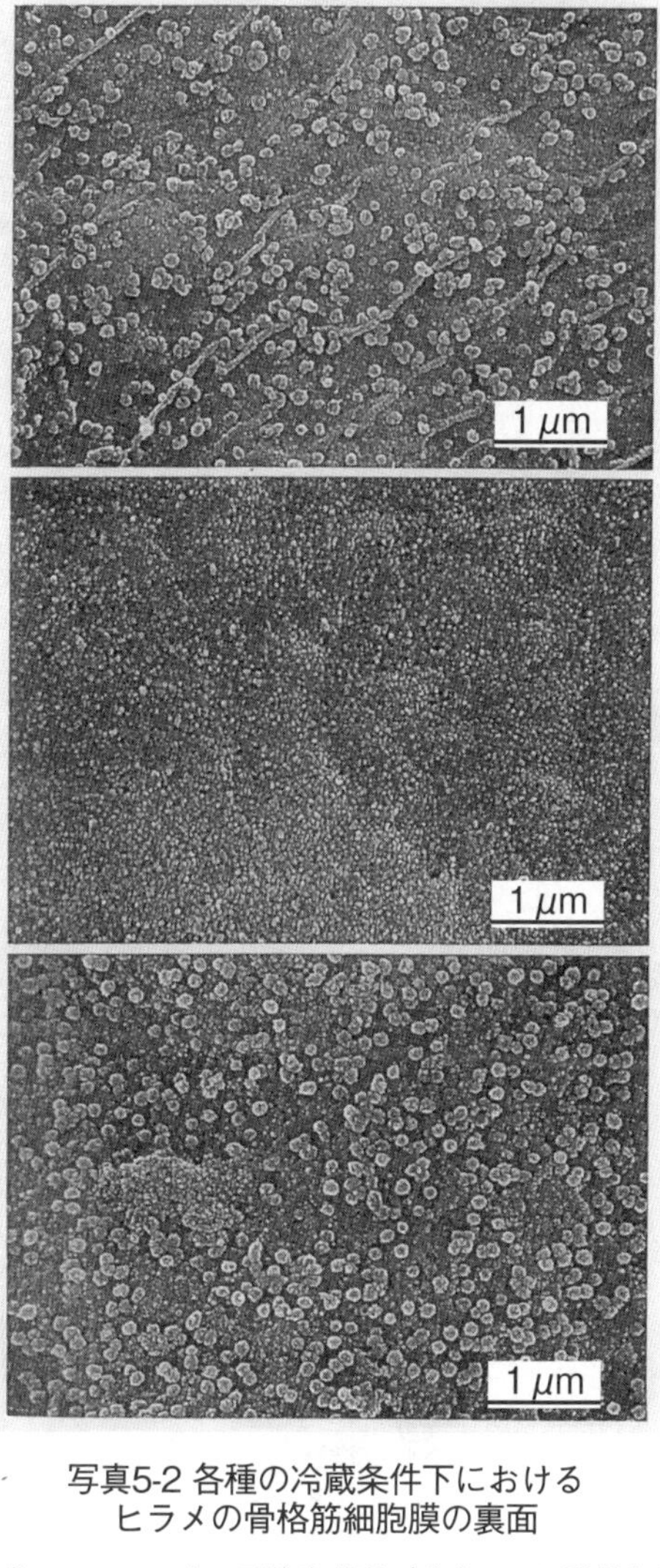

写真5-2 各種の冷蔵条件下における
ヒラメの骨格筋細胞膜の裏面

上：通常のヒラメ、中：死後冷蔵庫（4℃）で3日間保存したもの、下：氷温域（0℃）で1日間保存したものど、医療分野への応用研究をいっそう進める上でも重要な基礎研究であると考えている。

3 超氷温域の利用による新しい世界

動植物の細胞レベルでの生死の境は0℃ではなく氷結点にあり、0℃以下それぞれの氷結点までの未凍結の温度世界、これが氷温である。また、生きている動植物のなかには、氷結点まで低下しないうちに個体レベルの死を迎えてしまうものもあるが、これが生態氷温の世界である。

さらに、ここでは、氷温より低温でありながら凍結しないで過冷却状態を示す不思議な世界を紹介する。

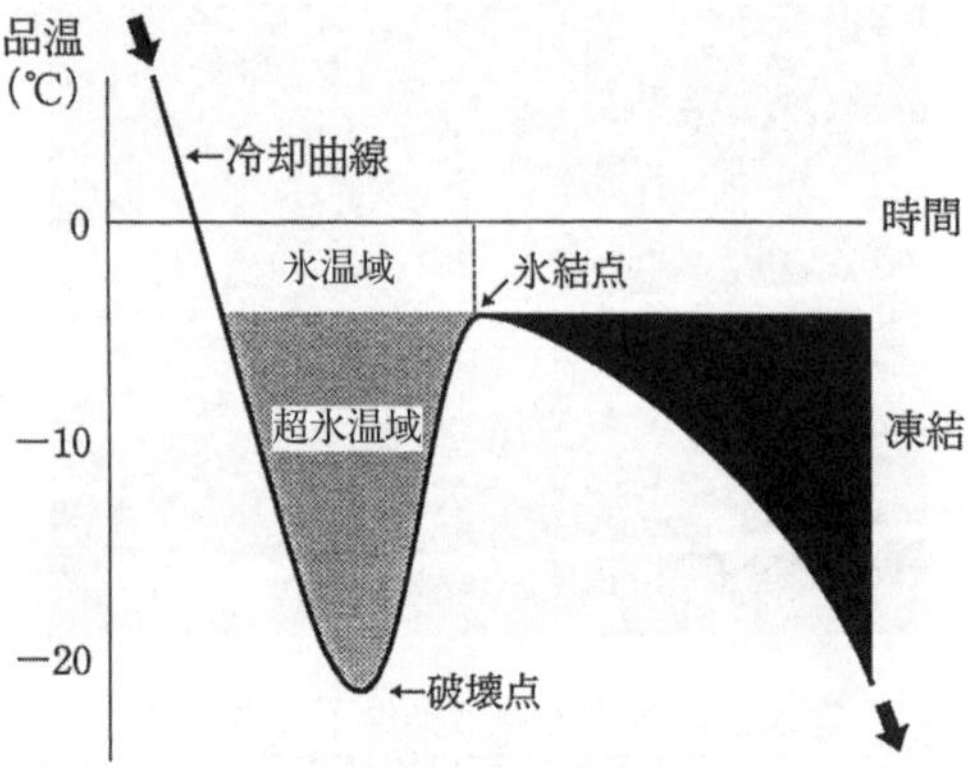

図5-3 冷却にともなう品温の変化

(1) 超氷温域とは

一般に食品などを冷却していくと、その品温は図5‐3のような冷却曲線を描く。品温はある温度まで降下していくが、その食品の品温がある地点に達すると食品は潜熱を放出し、氷結点まで上昇し、凍結を開始する。その後は再び温度が降下していき、いわゆる凍結曲線を描くのである。

この時、品温が達した未凍結状態での下限温度を破壊点とよぶ。したがって、氷結点から破壊点までは未凍結状態（過冷却状態という）を示しており、この過冷却温度域が超氷温域である。

この超氷温域は食品などを緩慢冷却したり、加圧することによって得られるが、きわめて不安定であり、振動を付与したり、氷核になりうるような塵や氷そのものが存在すると、ただちに凍ってしまう。しかし、これまでに説明してきたように、超氷温域における食品の貯蔵や熟成により、氷温以上の高鮮度保持化と高品質化が可能となるために魅力的な温度域であり、次に示すように、この超氷温域の基礎研究を進めることにより、安定的な利用技術が開発されることとなる。

(2) 凍結死しない細胞のメカニズム

①超氷温域からの復温で正常細胞に復元

われわれは二十世紀ナシの氷結点が約マイナス1・5℃であるのに、これよりさらに低い約マイナス4℃で、一部は凍結したものの凍っていない二十世紀ナシがあることを確認した。ついで復元した二十世紀ナシの果肉部については、すべて生細胞組織を維持していることがわかった。つまり、氷結点以下の温度域になっても凍結死しないで生きていたのである。

キャベツについても同様の結果が得られている。先に説明したアイスコーティングフィルム貯蔵技術によって、キャベツを氷結点以下のマイナス3℃で3カ月間貯蔵した外葉は、一部凍結して透明化したが低温環境下で復温させたところ、完全に復元した。

過冷却温度環境下でこのように、果実や野菜が一部凍結するものの、適宜復温させて常温にもどしていく過程で正常細胞に復元する現象はよく観察される。二十世紀ナシもマイナス4℃の環境下では、キャベツと同様に部分的に凍結し、外観観察では透明化したような状態を示すが、適宜温度昇温させてやると、元通り復元する。

②細胞外凍結が細胞を守る

これらは超氷温域（過冷却温度域）で、まず低温順化が進み、細胞内の水分が細胞外に移行することによって、細胞内の溶質濃度が高まるのと同時に、細胞外液の濃度が低くなる。このことが、細胞外での凍結を引き起こしやすくなる。この状態であれば氷結点以下、マイナス3～マイナス4℃の超氷温域であっても長期間貯蔵することができる。

このように細胞外の氷結晶が細胞内にまで成長しなければ、生の細胞状態を維持できるものと思われる。また、この状態のものを段階的昇温など適宜復温することにより、細胞外で凍結していた氷が昇温の過程で溶け、凍結前に移行した水分が細胞内へ再びもどるので貯蔵前の状態に復元することができると考えられる。この一連のメカニズムは部分的に解明されており、近い将来、細胞外凍結の調節技術の開発につながるものと期待されている。

生物において細胞内の凍結は死に直結するので、可能なかぎり細胞内凍結を防止しなければならない。かかる観点から考えると、細胞内の水分が細胞外に移行することによって細胞内の溶質濃度は高まるが、これは同時に細胞内の氷結点を下げることにつながる。つまり、氷結点以下のような温度環境下でも未凍結状態を維持することができるのである。また、アイスコーティングフィルム貯蔵技術（第四章2参照）のように細胞外での凍結を誘発することによって、いわゆる細胞外が氷でパックされた状態になるため、外界から細胞内への低温の伝わり方も緩慢になり、より細胞内の過冷却状態を安定化しているものと思われる。生物の自己防御システムの精巧さには驚かされるが、このような生物のしくみをもっと学び、新たな技術を開発していかなければならない。

(3) 鶏卵の過冷却状態

① 鶏卵の最適貯蔵温度

動物性食品について、氷結点以下での貯蔵技術の確立を図るため、まず、鶏卵の過冷却（超氷温）貯蔵を試みた。供試材料として、割卵（液卵）、鶏卵の鋭角（とがっている方）より温度センサーを挿入した殻付卵および鈍角（丸みがある方）より温度センサーを挿入した殻付卵を用いた。

割卵は過冷却状態をあまり示すことなく、氷結点であるマイナス0・5℃付近で凍結した。一方、殻付卵はマイナス12（鋭角より温度センサマイナスを挿入したもの）〜マイナス13℃（鈍角から温度センサマイナスを挿入したもの）までは凍結しない過冷却状態を維持していた。

つまりこのマイナス12〜マイナス13℃が過冷却

状態の破壊点であり、この破壊点に到達した直後に凍結した。この実験結果から、氷結点以下の過冷却状態でも鶏卵は凍らないで生存し続けていたことが確認されたのである。

しかし、凍ってしまうと凍結死してしまうので、その危険性を回避するためには、氷結点から破壊点の中間付近にて貯蔵するか、あるいは不凍液を利用するか、氷温微乾燥などの処理を施す。このことによって過冷却状態は安定化する。先の試験で割卵はマイナス20℃の環境温度で0・8時間後に凍結率100％を示したが、冷却環境温度を変えて検討したところ、マイナス6℃の凍結率は16時間後0％、24時間後43％、120時間後で84％であり、さらにマイナス3℃での凍結率は120時間後でも0％と、氷結点以下での未凍結状態での貯蔵時間を延長させることができた。

②殻が過冷却状態を安定化

また、この鶏卵を用いた超氷温貯蔵試験で興味深い知見が得られた。割卵と殻付卵の過冷却状態の安定性の比較から、鶏卵の殻そのものが過冷却状態を安定化させていることは明らかである。自然法則として、鶏卵は凍結すると体積膨張するが、殻がある状態ではこの体積膨張が阻害され、結果として内圧がかかり過冷却状態を安定化させたものと思われる。

一方、割卵は内圧がかかっていないので零℃以下での冷却にともない、ただちに凍結してしまったと考えられる。

その後のさらなる研究により、包装材料の種類と冷却速度、圧力の調節などをうまく組み合わせることで、この過冷却状態を安定化させることが可能であり、新しい過冷却安定化技術の開発が現

冷蔵（+5℃）　　氷温（0℃）　　超氷温（－1.5℃）

写真5-4 ブロッコリーの超氷温域における貯蔵

注　：貯蔵80日目の状態。

在も鋭意進められている。

(4) 驚きの鮮度保持と味覚の向上効果

超氷温域での貯蔵は氷温貯蔵以上の長期鮮度保持を可能にすることが確認されている。

写真５‐４は、ブロッコリーを冷蔵（５℃）、氷温（０℃）、超氷温（マイナス１・５℃）の各温度域でそれぞれ80日間貯蔵したものである。

冷蔵は白いカビが発生し、茎も褐変化が始まっているのに対し、氷温、超氷温の温度域で貯蔵したものは鮮度保持性が高く、とくに超氷温域のものは緑色が濃く、収穫直後の鮮度を著しく高く保持していることがわかる。

西条柿でも同様の効果が観察されている。写真５‐５は長期貯蔵が困難である脱渋した西条柿を冷蔵（５℃）と氷温（マイナス１℃）で１カ月貯

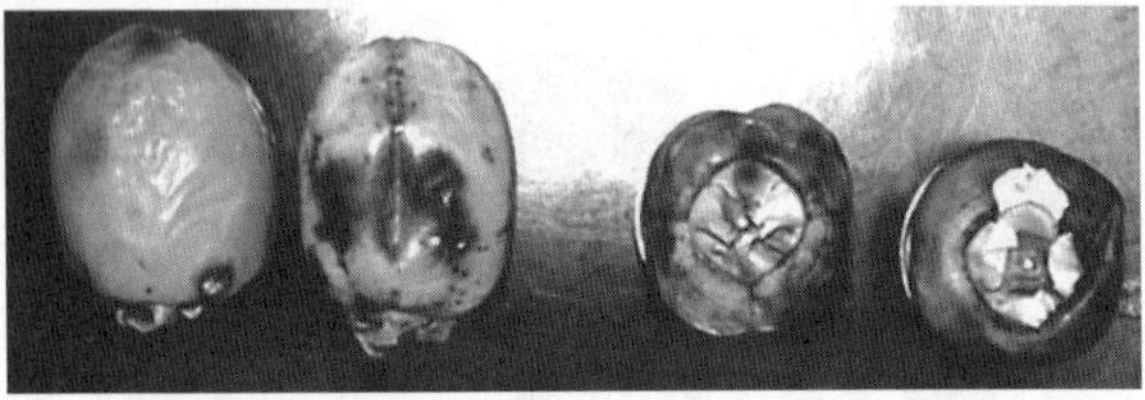

冷蔵（+5℃）　貯蔵1カ月

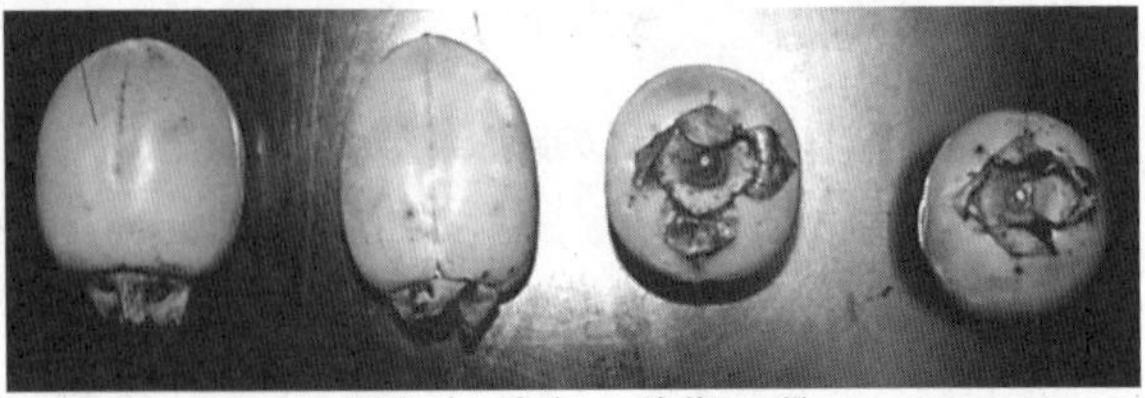

氷温（−1℃）　貯蔵1カ月

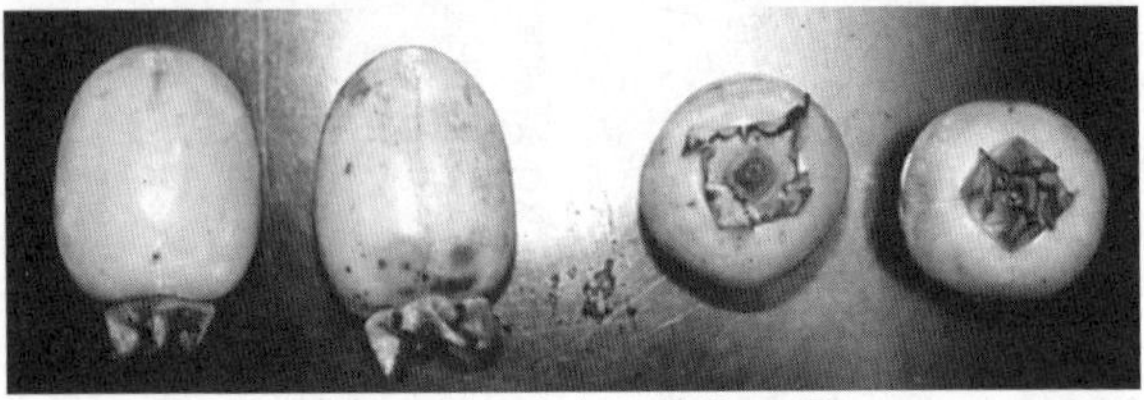

超氷温（−2℃）　貯蔵4カ月

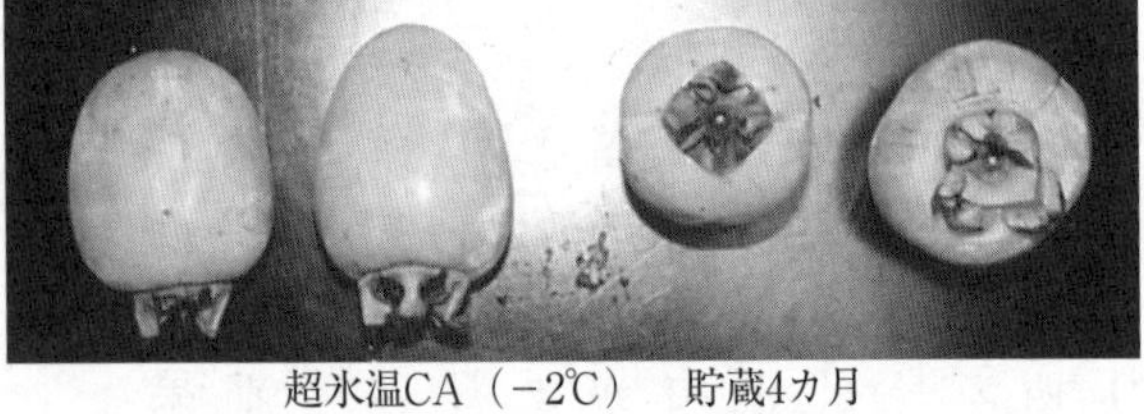

超氷温CA（−2℃）　貯蔵4カ月

写真5-5 西条柿の超氷温域における貯蔵

蔵したもの、超氷温域（マイナス2℃）と超氷温域での貯蔵をCA環境下で4カ月間貯蔵を行ったものである（超氷温CA）。冷蔵では1カ月間の貯蔵も困難であるが、氷温では1カ月間は貯蔵が十分可能であった。

また、超氷温域での貯蔵4カ月目の状態と氷温1カ月目の鮮度がほぼ同程度であったことから、超氷温域での貯蔵は氷温貯蔵の約4倍の鮮度保持効果があるものと判断された。さらに試験区超氷温CAでは、超氷温域での貯蔵より著明に高い鮮度保持効果を示した。

また、この過冷却状態を示す超氷温の温度域で貯蔵すると、生鮮食品の味がよくなることも確認された。グリーンアスパラガスの氷温貯蔵（零℃）と超氷温域（マイナス1・5℃）での貯蔵を比較してみると、超氷温域で貯蔵したものはビタミンCの保持性、色調、テクスチャー、官能検査などから、氷温貯蔵より高い鮮度保持効果を示しただけではなく、甘味呈味性遊離アミノ酸であるプロリン、グリシン、アラニンの増加を導くという結果を得ている。

その他の生鮮食品の試験においてもほぼ同様の効果が確認され、大寒の旬の味覚、風味の形成と密接な関係があるものと推察された。

4 氷温の構造と摘要

(1) 「氷温」の概念

これまでに説明してきた氷温の概念とその氷温利用についてまとめたのが、図5‐6である。

つまり、個体レベルの生と死の臨界温度であるクリティカルポイント、すなわち生態氷温0℃か

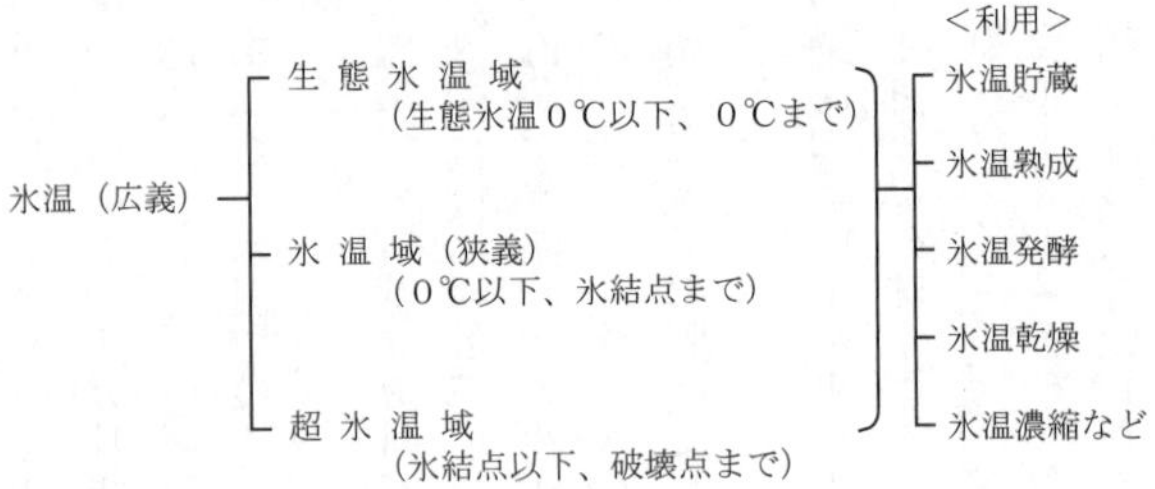

図5-6 氷温の概念と氷温利用

ら０℃までが生態氷温域、０℃以下、氷結点までの未凍結温度域が氷温域、さらに氷結点以下、過冷却状態の最下限温度、すなわち破壊点までの未凍結温度域が超氷温域であり、広義でいうところの「氷温」の世界は、狭義の生態氷温域、氷温域および超氷温域で構成されている。

(2) 氷温の発想の原点

氷温の発想の原点は、温度を単に物理的な計測単位としてではなく、生物ないし生命現象との関わりにおける温度として認識することにある。

物理的な温度が水の状態変化や熱力学的な量としてとらえられているのに対し、氷温の場合は温度を凍結死、すなわち生物的破壊点を基点とした生体反応の変化を目盛とする、いわば生物的温度と理解すべきものと考える。したがって、氷温の世界における温度の考え方は、物理的な均等目盛ではなく、生物の種類や生育条件によってそれぞれ異なる可変的な目盛であると説明することができる。

(3) 貯蔵、熟成、発酵、乾燥、濃縮へ氷温技術の広がり

図5-6の氷温の概念と氷温利用をもう一度ご覧いただきたい。0℃から生体の氷結点、さらには氷結点以下、未凍結状態を示す超氷温域にいたるまでの間における生体反応を解析しつつ、その結果を氷温技術として利用に結びつけている。

氷温、超氷温域において、貯蔵、熟成、発酵、乾燥、濃縮する技術がそれぞれ、氷温貯蔵、氷温熟成、氷温発酵、氷温乾燥、氷温濃縮である。

氷温貯蔵は野菜や果実類、魚類、肉類などの生鮮食品と加工食品を氷温域に貯蔵するもので、高鮮度保持を基軸としており、また、氷温熟成は氷温域でじっくり熟成することで鮮度を保持したまま うま味や甘味を増やすものである。大寒の時期に打った麺は味がよく、コシが強いとされている。これは熟成と乾燥が氷温域で有機的に行われるためで、氷温熟成はその再現ともいえるだろう。

また、氷温発酵には、有害微生物の増殖を抑制するとともに酵母や乳酸菌など特定の微生物の働きを促進し、良い香りを生産する効果がある。

一方、氷温乾燥は野菜や魚の乾燥、保存技術として昔から行われてきた寒干しを再現しており、氷温域で乾燥することで、もぎたて、とりたて、打ちたての風味と色調を保持し、水に戻した場合、他の低温乾燥食品などと比較してもっとも生に近い復元性を示す。

そして、氷温濃縮は細胞を壊すことなく濃縮することができるため、高鮮度および高品質の濃縮物を得ることができる。

これらはいずれも自然の寒の味覚・風味を現代の技術で実現するものである。

六、全国に拡がる氷温食品

1　ソフトとハードの一体化

氷温研究推進の基本姿勢は「自然に学べ」である。そして、「伝承技術や伝統的な食文化に学べ」である。

食べる方も、食べられる方もどちらも生きものである。食は生きているもの、ないしは生きているものを原材料にしてつくられたものであることを忘れてはならない。山の幸、海の幸など自然の恵みがいただけることに、感謝の気持ちを忘れてはならない。「氷温」の生みの親、山根博士の言葉である。

氷温の世界でもっとも重要なのは、この自然に学び、食の歴史に学び、氷温の温度域で、どのようにしたら食品の鮮度が保持できるだろうか、どのような条件でおいしさが最大限引き出されるだろうか、いかにして安全性を確保したらよいだろうか、などの基礎研究に基づく氷温諸技術の確立である。しかし、これら氷温技術、すなわちソフトだけで氷温食品を得ることはできない。

たとえば、パソコンを利用しようと考えた時、パソコンの動作にかかせないデータやプログラム（ワープロや表計算など）などのソフトウェア（以下ソフト）と、パソコン本体やキーボード、プリンターなど形のみえる周辺機器であるハードウェア（以下ハード）の両方が必要である。同様に、氷温の世界において、ソフトは氷温技術を、ハードは氷温空間（環境）を提供する氷温庫や氷温関連機器類のことを意味しているが、このソフトとハードが一体化することが肝要である。さらに食品の流通、販売などにおいて、その食品の価値や状態を保護するためには、適切な包装材料や容器を用いることが重要となり、ソフトとハードの一体化をより強固にするといった意味でも大切な役割を担っている。

このように氷温のソフト、ハードおよび包装に関わる諸技術がさらに深化、発展し、これらが融合、一体化することにより、より良い氷温食品が創造されるのである。

2　匠の技を生かす氷温機器

各食品の貯蔵、加工ないしは輸送などの氷温技術を生かす氷温機器類が多くの企業によって開発、製造および販売されている（表6－1）。

表6-1 氷温関連機器開発企業

企業名	販売氷温関連機器
パナソニックＥＳ産機システム㈱	氷温庫、氷温ショーケースなど業務用氷温機器全般
福島工業㈱	ブラストチラー、厨房用氷温機器など業務用氷温機器全般
大青工業㈱	氷温庫、氷温倉庫、氷温 CA 貯蔵庫、氷温真空濃縮機など
二宮産業㈱	電子氷温庫（生体保存、理化学試験用）
㈱エムズ	氷温ジェルアイス製造装置
㈱泉井鐵工所	氷温ジェルアイス製造装置
㈱土居技研	氷温庫、氷温倉庫など
㈱イワタニテクノ	氷温庫、氷温倉庫など
㈱氷温 KOREA	氷温庫、氷温倉庫など
㈱氷温研究所　事業部	氷温関連機器全般

氷温食品の貯蔵、加工に用いられる頻度が一番高いプレハブ氷温庫(0・5坪から数百坪クラス)は、庫内温度精度プラスマイナス0・5℃以内を基準としており、あらゆる食品の凍結一歩手前の温度域を維持することが可能である。近年、庫内温度精度プラスマイナス0・1~プラスマイナス0・3℃の医療・理化学用電子氷温庫や大型氷温庫、氷温CA貯蔵庫、氷温倉庫などのように高性能制御を可能としたものの需要も増加している。

また、氷温乾燥機、氷温真空濃縮機、氷温解凍機、氷温ショーケース、氷温輸送車、氷温ジェルアイス製造装置などといった氷温関連機器類のバラエティーも豊かである。さらに、既存の冷凍庫、冷蔵庫の氷温庫や氷温倉庫への改造も可能であり、氷温エンジニアリングの重要性が日々高まっている。

3　氷温食品開発のポイント

(1) 氷温三大効果の選択

まず、各々がさまざまな氷温食品を開発するにあたっては、高鮮度保持化、高品質化および有害微生物の減少化といった氷温の三大効果のうち、どの効果を主としてとらえるかが重要となる。たとえば腐敗しやすい野菜や果実、または鮮度落ちの著しい魚介類などの輸送方法や、あるいは販売を考える場合は、まず、高鮮度保持化をメイン効果としてとらえるのが望ましく、また、畜肉類や加工食品の熟成を目的とする場合には高品質化を、食品製造工場での衛生管理や発酵食品製造における微生物制御を検討している場合には有害微生物の減少化の効果を主として、氷温食品の開発プログラムを作成していくことが大切である。

なお、氷温食品の開発プログラムとは、目標とする氷温食品の開発に向けた設計図のようなものであり、対象となる原材料（食品）の明確化とともに、氷温技術の選定と氷温技術の導入方法とその効果発現の確認と同時に、氷温技術確立に必要な諸条件を導き出すことができる計画書を指す。

(2) フードシステムからのアプローチ

次に、食料品の生産から流通・消費までの一連の領域・産業の相互関係を一つの体系としてとらえるフードシステムから、氷温技術の導入ポイントを明確にすることが重要となる。

たとえば、農業生産者であれば、生産された農作物の出荷、輸送や販売まで、鮮度を低下させないで貯蔵や一時保管する場合、この農作物の氷温貯蔵が開発のポイントとなる。氷温予冷による流通時の鮮度管理や糖度やうま味向上効果なども有効な手段となる。そして、その農作物を購入し、漬物を製造する企業においては、原料である農作物の鮮度保持、あるいは原料レベルでの農作物の高品質化がまず考えられる。また、漬物製造工程への氷温熟成技術の導入により、素材のおいしさをさらに引き出した氷温熟成漬物の製造をポイントとすることもできる。

外食における厨房、あるいはセントラルキッチンにおいてのプログラムの作成は、生産者と加工業者の中間に位置していると考えてよい場合が多く、調理食材の原料レベルでの鮮度保持と高品質化が開発のカギとなる。

加工業者の例として、ある漬物業者が漬物の製造までは従来技術に依存するものの、浅漬けタイプの漬物の輸送、販売時の品質や鮮度感の低下を氷温技術によって抑制しようと考える場合には、製品状態の漬物の氷温管理を第一目的にすることとなる。

また、スーパーや百貨店などの小売り段階での高品質管理を検討しているならば、氷温の温度域の商品管理が可能な氷温ショーケースや業務用氷温庫の利用を主目的とした開発プログラムを立てるのが望ましい。

(3) 氷温適性試験

氷温三大効果の選択およびフードシステムからのアプローチにて作成された開発プログラムにしたがい、氷温技術を導入する各種食品の氷温適性試験を行う。

まず、各種食品の冷却（冷凍）曲線から氷結点を求め、各々の氷温域を決定する。その氷温域における各種食品の氷温貯蔵性、氷温加工適性を調査する。

ただし、レタス、サラダ菜といった一部の葉もの野菜、海藻（生）など、氷結点が0℃にかぎりなく近いところに存在する場合には、氷温域の確認、温度設定、氷温庫の選定および包装形態などを複合的に検討しなければならない。なお、対照区の設定は冷蔵温度域（おおむね0～10℃程度）、もしくは従来法で採用していた温度域とするのが望ましい。

とくに注意をしなければならないのは氷温（低温）耐性であり、各種食品において、低温障害が発現するか否かを確認しておかなければならない。低温障害とは、冷蔵に不向きな青果物を低温で貯蔵した場合に発生する障害のことであり、表面に褐変やクレーター状の陥没（ピッティング）が現れたり、水っぽくなったり、軟らかくなるなどの品質劣化やビタミンC含量の減少などの栄養価の損失を招く症状をいう。

一般論として、低温障害を招きやすい野菜に、トマト、ナス、キュウリ、サヤインゲン、サツマイモなどが、また、低温障害を招きやすい果実としてはウメ、バナナ、レモン、グレープフルーツ、パイナップル、パパイヤ、アボカドなどが知られている。

しかし、これら低温障害を招きやすい青果物であっても生育ステージや品種によっては、低温障害が観察されなかったり、収穫後のキュアリング処理や温度コントロール、さらには包装材料の工夫などで低温障害が軽減されることもあるので氷温適性試験を行い、その結果をふまえて氷温食品を開発することが重要であるといえる。

(4) オンリーワン氷温技術の確立と氷温機器類の整備

氷温食品開発プログラムの遂行によって得られた、氷温技術の確立に必要な諸条件を整理し、その条件を再度対象となる原材料（食品）に付与し、氷温効果の再現性を確認する。再現性が確認された場合、氷温技術が確立することになるが、その氷温技術の効果の発現を可能とする氷温機器類を選定し、整備する。

原材料（食品）は生きものであると同時に、生産地、生産者、品種、生育ステージや収穫時期、あるいは氷温設定温度、冷却速度や保存形態などがすべて同じ、ということがありえないため、A事業者とB事業者が仮に同じ品目を対象として氷温食品を製造（供給）していても、事実としてオンリーワン氷温技術の確立といえる。したがって、全国各地に存在する農畜水産物などの地域資源を用いた地域振興や地域産業の活性化に氷温技術がよく応用されているが、これはいわゆる「地域らしさ」を具現化することができるためであると思われる。

実際、栃木県では氷温熟成技術をそばに応用し、地域の活性化を図っている。㈱石川そば製粉所では、地元行政や商工会議所、生産者やそば店と連携して「氷温寒熟そば」の普及を図ることによって地域産業の活性化に貢献している。さらに、日光手打ちそばの会の協力のもと、日光の名物のひとつとなり、多くの観光客を呼び込むことに成功している。

また、鳥取県では食の宝庫である大山《だいせん》周辺の地域食材を用いた氷温食品の開発を積極的に行っている。これら氷温食品の流通、販売などにより地域の食品産業の活性化に貢献することを目的として「大山発氷温食品をつくる会」が立ち上げられており、これまでに、餅、納豆、米、茶、カレーやどら焼きなど多彩な氷温食品が開発されている。

さらに、氷温食品の製造（供給）に必要な諸条件は、原材料（食品）の品質の変動にともなって変わることが予想されるので、適宜、調整することが求められる。また、氷温食品の品質のさらなる向上に関する調査、研究は可能なかぎり継続することが望ましい。

4　氷温認定制度

氷温食品とは、前述のように氷温の定義（「氷温技術」とは0℃から氷結点までの未凍結温度域「氷温域」で食品の貯蔵や加工などを行うことであり、得られた高品質な食品を「氷温食品」とする）にしたがった食品であり、（公社）氷温協会が創造した食品群の総称である。したがって、適正なる氷温技術によって得られ、「氷温貯蔵」、「氷温熟成」など「氷温」という文字を用いて商品表示・商品説明されている食品が氷温食品である。なお、この商品表示・商品説明には、パンフレットやホームページ上での「氷温」という文字を用いての商品説明も含む。

さて、ここで重要なのは、適正なる氷温技術が導入されていることの確認とその認定である。氷温食品はいわゆる冷蔵（チルド）食品や冷凍食品とは異なり、緩慢凍結によって著しい品質の低下を招くおそれのある最大氷結晶生成帯に近い温度域にて製造（貯蔵含む）されることから、氷温食品製造にかかわるソフトの確立とともに高い温度管理技術（氷温機器類の温度精度等）が不可欠である。

したがって、主として氷温技術と氷温環境の2点について慎重に検査を行うといった、氷温認定制度の確立によって、消費者に安心して購入していただける正規な氷温食品の供給が可能となっている。

この氷温環境とは、氷温庫や氷温倉庫、あるいは氷温関連機器類のことであるが、氷温技術を導入することができる精度や性能がなければならない。たとえばリンゴを貯蔵するにあたり、温度精度が悪い冷蔵庫を利用した場合、0℃近辺に設定しても凍結と解凍を繰り返すことになり、設定温度は氷温域であっても、品質は劣悪なものとなる。

（公社）氷温協会では、氷温機器の認定業務も行っており、適正なる氷温環境の利用を推進している。

(1) 氷温食品認定

①氷温食品認定基準

（公社）氷温協会が制定する氷温食品認定基準を抜粋する。

〔氷温食品認定基準〕

第1　目的

生鮮食品および加工食品に適正なる氷温技術を導入し、氷温の効果が確認された食品を「認定氷温食品」として認定することにより、豊かな食生活、食品産業および農林水産業の振興に資することを目的とする。

第2　品質水準

認定氷温食品の対象となる食品は、食品衛生法、JAS法を遵守し、安心・安全な食品であり、原則として食品添加物を使用しないで、安定した氷温環境を提供できる氷温機器類を用い、かかる氷温環境にて食品の貯蔵ないしは加工され、高鮮度保持化、高品質化ないしは有害微生物の減少化といった氷温の効果が少なくとも一つ以上確認された食品。

製造及び品質基準が定められている品目に属する食品については、それを満たしていること。

なお食品添加物をやむを得ず使用する場合には、当該食品の品質を保持するための必要な最小限度とすること。

第3　品質の表示

品質表示としては氷温貯蔵、氷温熟成、氷温発酵、氷温乾燥、氷温濃縮、あるいは氷温製法、氷温造り、氷温仕込み、氷温輸送、さらには氷温熟成パン、氷温熟成茶、氷温鮮魚、氷温果物など氷温技術が導入された食品であることを表示する。

氷温技術に関わる品質表示以外の表示は、農林物資の規格化及び品質表示の適正化に関する法律（昭和25年法律第175号）に定める「日本農林規格」および「品質表示基準」、食品衛生法（昭和22年法律第233号）、不当景品類及び不当表示防止法（昭和37年法律第134号）、計量法（平成4年法律第51号）、健康増進法（平成14年法律第103号）、薬事法（昭和35年法律第145号）の関係規定に適合するものとする。

第4　認定の表示

認定の表示は、定められた認定マークを表示する。また、本食品が当協会の認定氷温食品である旨の表示をすることも可能である。

これらの表示はホームページ、カタログ等においても同様の取扱いとする。

第5　品質管理

製造施設、保管施設および製造機器は、食品衛生法に基づいた適切な管理が行われていること。

また、製造に当たっては、製造責任者を配置するなど衛生に十分注意するほか、製造工程ごとに、適正な管理を行うこと。

第6　認定方法等

(1) 認定の申請

認定を受けようとする者は、認定申請書（様式第一号）を当協会理事長（以下「理事長」という）に提出するものとする。

(2) 認定

理事長は、(1)の申請があったときは、必要に応じ申請のあった食品の品質等について、生産地および製造工場に対する現地視察をした上で、認定基準への適否を氷温食品認定審議会の意見を参考にして決定するものとする。

理事長はこの規定による決定を遅滞なく申請者に通知するものとする。ただし、認定しない旨の決定をしたときは、その理由を付するものとする。

第7　認定の有効期限

認定の有効期限は、認定を受けた日から3年間を経過した日までとする。

なお、認定の継続を希望するときは、必要に応じ検討し、継続が適当と認めた場合は、これを承認するものとする。

第8　廃止及び変更

認定を受けた者は、次の(1)から(4)までに該当する場合は速やかに理事長に廃止又は変更の届出をすること。

(1) 認定を受けた食品の製造を中止し、又は廃止するとき。

(2) 社名、商品名又は会社所在地を変更するとき。

(3) 原材料、製造方法、添加物使用などについて大きく変更するとき。

(4) その他重要な変更をするとき。

理事長は変更の届出があったときは、第6(2)に準じて適否を判断する。

なお変更後の認定の有効期限は変更前の認定の有効期限とする。

第９　点検指導及び検査

理事長は認定された食品の品質等について、生産地及び製造工場に対する点検指導を行い、必要に応じて生産の状況等を検査することができる。

認定を受けた者は、点検、指導に誠実に協力しなければならない。

第10　認定の取消し及びその通知

理事長は、次のいずれかに該当する場合には認定を取消すことができるものとする。

(1) 認定を受けた者が、申請内容と異なる製造方法及び原材料、添加物を使用した場合

(2) 認定を受けた者が、認定マークを不正に使用した場合

(3) 認定を受けた者が、正当な理由なく点検、指導に協力しない場合

(4) その他認定を取消すべき重大な事由が生じたとき

理事長は、(1)から(4)の規定により認定を取消したときは、認定を受けた者に対し、理由を付して遅滞なくその旨を通知するものとする。

第11　認定制度の普及及び啓発

理事長は、啓発資料の配布等により、認定基準等制度の普及、啓発を行うものとする。

附則

この基準は、昭和60年６月１日から適用する。

一部改正　昭和61年２月７日
昭和63年５月23日
平成４年１月９日
平成５年５月25日
平成９年５月22日

平成15年2月21日
平成22年1月27日
平成26年2月25日

②製造および品質基準が定められている品目

氷温食品の製造および品質の基準が定められている品目には、氷温生鮮食品、氷温米、氷温パン、氷温あられ、氷温日本酒、氷温純米酢、氷温納豆、氷温味噌、氷温麺類、氷温生鮮フィレ、氷温海苔、氷温乾燥水産物、氷温漬物（農産物）、氷温漬物（水産物）、氷温塩辛、氷温ウニ（ねり、粒）、氷温麺つゆ、氷温エキス、氷温味付けたらこ、氷温ソーセージ、氷温ハム、氷温サーモンハム、氷温熟成肉、氷温畜肉乾燥物、氷温コンビーフ、氷温餅、花氷などがあり、たとえば、氷温米の製造および品質基準の基本構成は次のとおりである。

〔氷温米の品質基準〕

1　適応の範囲

この規格は氷温米に適用する。

2　製造規格

玄米、白米を一定期間氷温下に置き、氷温貯蔵ないしは氷温熟成技術を導入することにより、腐敗させることなく食味等を向上させたものとする。

3　品質規格

a）原材料　玄米、白米

b）食品添加物　なし

c）状態　胴割れ等外観に異常が認められないこと

d）官能検査　基準米飯（滋賀県産「日本晴」ないしは氷温処理前の米）と比較して良好、あるいは同等なもの

氷温食品認定までの流れ

(公社)氷温協会は、氷温技術を正しく習得した企業・個人がつくる氷温食品を認定する、国内外唯一の公益法人である。
「氷温食品」は、認定審査を見事にクリアした高品質な食品である。

認定申請書の提出

↓

書類審査および品質検査

◆製造方法に氷温技術が導入されているか。
◆従来品との品質差が明確であるか。
◆合成保存料、合成着色料等が無添加か。

↓

氷温食品認定審議会

↓

認定
氷温食品認定証の交付

※ただし、残念ながら品質検査、認定審議会において認められなかった申請品については、製造方法の見直しを求めることになる。

図6-2 氷温食品認定までの流れ

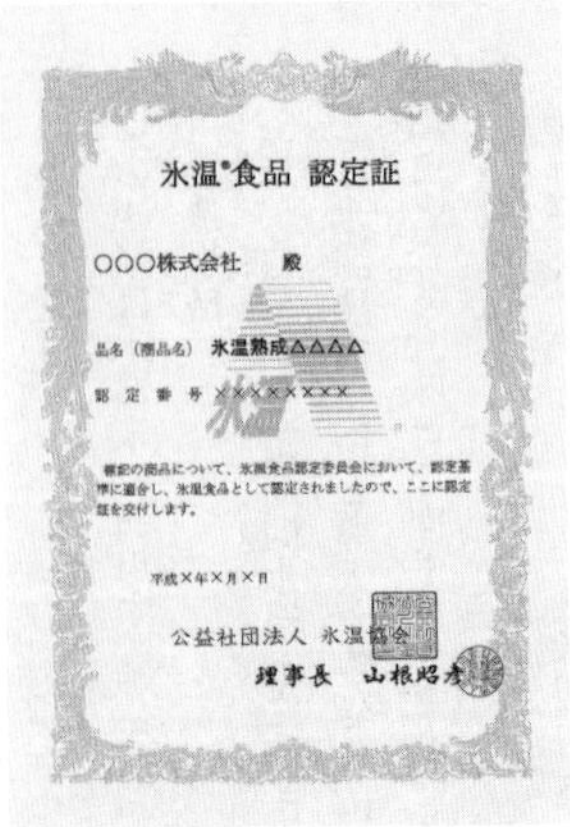

氷温技術のシンボルマーク（右上）と氷温認定マーク（右下）

氷温技術では、①安心・安全、②健康、③自然のおいしさの3つの要素を満たす食品が提供できる。そのことを三角形で示したのがこのマークである。

(公社) 氷温協会が開催している氷温食品認定審議会において厳正な審査をクリアした食品・機器にのみ付与される。

図6-3 氷温食品認定証と認定マーク

表6-4 主な氷温食品メーカー

野菜
JAしまね　やすぎ地区本部（島根県）、津軽みらい（青森県）、東京フード㈱（栃木県）、JA十日町（新潟県）、舘町野菜生産組合（青森県）、高須農園（茨城県）、はやし農場（岐阜県）、㈱厚生冷蔵（千葉県）、エムケイ開発㈱（鳥取県）、農事組合法人蓮だより（石川県）
果物
㈲アリストぬまくま（広島県）、東亜青果㈱（岡山県）、田口青果㈱（岡山県）、高梁市農業振興センター（岡山県）、JA 全農とっとり（鳥取県）、築山隆明（愛媛県）、井田農園（鳥取県）、yu-k 農園（和歌山県）、㈲EM 総合ネット弘前（青森県）、マルトクフルーツ（山梨県）
乳製品・たまご
鳥取鶏卵販売㈱（鳥取県）
豆腐・納豆・味噌・漬物
はやし食品㈲（鳥取県）、㈲土江本店（島根県）、相模屋食料㈱（群馬県）、キムチ美人本舗㈱（広島県）、㈱フードレーベル（東京都）、㈱厚生冷蔵（千葉県）、ひかり味噌㈱（長野県）
鮮魚・水産加工品
㈱ダイマツ（鳥取県）、㈱米吾（鳥取県）、マルキ平川水産㈱（北海道）、五光食品㈱（宮城県）、㈱兼由（北海道）、㈱エムズ（東京都）、㈱プリミー（熊本県）、六花社（三重県）、㈱浜与（三重県）、㈱まるとみ吉川水産（北海道）、友田セーリング㈱（鳥取県）、㈱永徳（新潟県）、㈱かねすえ（福岡県）、㈲前田水産（鳥取県）、丸福水産㈱（福岡県）、㈲うなぎの井口（静岡県）、㈱みうらや
精肉
鳥取県畜産農業協同組合（鳥取県）、日本ホワイトファーム㈱（青森県）、㈱クリマ（群馬県）、㈱岩野（山梨県）、山晃食品㈱（兵庫県）、㈱くすの木（三重県）、杉本食肉産業㈱（愛知県）、㈱温泉町夢公社（兵庫県）、エムケイ開発㈱（鳥取県）、㈱Original Quchi（岡山県）、㈱大石（東京都）、㈱SC ミート（千葉県）、㈱大西商店（神奈川県）
ハム・ソーセージ
㈱サイトウ（愛知県）、㈱シェフミートチグサ（千葉県）
米・パン・麺類
㈱鳥取県食（鳥取県）、㈱吉兆楽（新潟県）、㈲酒井商店（鳥取県）、（一財）あばグリーン公社（岡山県）、㈱マイパール長野（長野県）、西川光弘（岐阜県）、JA 山形おきたま（山形県）、㈱ミツハシ（東京都）、㈱新倉（千葉県）、㈱おぎはら（山梨県）、JA 全農ふくれん（福岡県）、㈲田中農場（鳥取県）、㈱ファインフードネットワーク（岡山県）、㈱石川そば製粉所（栃木県）、㈱創和（北海道）、星野物産㈱（群馬県）、㈲市川製麺（鳥取県）、敷島製パン㈱（愛知県）、大和産業㈱（愛知県）、米山そば工業㈱（栃木県）、㈱厚生冷蔵（千葉県）
調味料・乾物
ヤマキ㈱（愛媛県）、椿食堂管理㈲（東京都）、舶来亭（鳥取県）、㈱広川（千葉県）、マンネン酢（資）（岡山県）、㈲シタァール（千葉県）
菓子
㈲板見製餡所（鳥取県）、丸京製菓㈱（鳥取県）、森本和洋（和歌山県）、e-FACTORY（鳥取県）、㈱和晃（京都府）、㈱桃の館（愛知県）、㈲横島町特産物振興協会（熊本県）
飲料・酒
㈱澤井珈琲（鳥取県）、キーコーヒー㈱（東京都）、千代むすび酒造㈱（鳥取県）、㈱あさ開（岩手県）、川中応人（静岡県）、㈲福井製茶（鳥取県）、（資）かねはち鈴木商店（静岡県）、㈲長田茶店（鳥取県）、日本盛㈱（兵庫県）、㈲正香園、㈱福光屋（石川県）、千代の光酒造㈱（新潟県）、天鷹酒造㈱（栃木県）、八海醸造㈱（新潟県）、小黒酒造㈱（新潟県）

（順不同）

○1985年（氷温協会設立時）【認定品目数68品目】

◆沖ぶりしょうゆ漬　㈱ダイマツ（鳥取県）

第一号氷温認定食品。氷温漬けが行われている。「シルバーしょうゆ漬」にリニューアルし、今も売れ続けているロングヒット商品。

◆氷温熟成生ラーメン　㈱創和（北海道）

麺の熟成だけでなく、スープや具の熟成も行っている。食べ終わるまで麺がのびず、コシが強い。ラーメン所札幌での定番商品。

○1986～2000年【認定品目数247品目　累計315品目】

◆氷温生酒　千代むすび酒造㈱（鳥取県）

生酒を氷温熟成することにより、フルーティーな味わいとなり、香りが高くなる。すっきりと飲みやすい。

◆氷温純米酢　マンネン酢（資）（岡山県）

氷温技術を応用して開発された日本初の高級純米酢。飲用もできるほどマイルドな風味が特徴。

◆氷温熟成パン　敷島製パン㈱（愛知県）

平成7年に登場した大ヒット商品。－3℃で72時間という独自のパン生地熟成法で、もっちりとした食感に仕上がった。

◆こつぶ納豆　はやし食品（鳥取県）

発酵後の熟成を氷温で行うことにより、匂いが抑えられ、うま味がアップした。

◆氷温米　㈱鳥取県食（鳥取県）

氷温米の第一号商品。玄米を0℃以下で熟成させるという新しい視点で開発された。一年中新米の風味で、冷めてもパサつかない。

◆吾左衛門鮓　㈱米吾（鳥取県）

氷温熟成解凍という手法で、押し寿しの食感と風味を向上させた。全国的人気の米子名物。

◆氷温米　㈱マイパール長野（長野県）

北アルプスの麓、安曇野の米を氷温米にしたロングヒット商品。うま味、甘みが強い。

◆氷温あん　㈲板見製餡所（鳥取県）

小豆を炊く前に氷温水で浸漬することで、色あい、風味が向上した。

◆たたき蟹　㈱友田セーリング（鳥取県）

本ズワイガニと紅ズワイガニのほぐしをカニ脂と配合して氷温熟成し、とろけるような食感となった。

図6-5 年度別氷温食品認定数と主な氷温食品

◆旬のリピートいちごデザート　㈲横島町特産物振興協会（熊本県）

氷温真空濃縮機を利用した加熱しないタイプのジャム第一号商品。熊本県産のイチゴを使って色鮮やかに仕上げている。

◆氷温熟成ソーセージ朝のウインナー　㈱サイトウ（愛知県）

自然の中で放牧した豚を使用し氷温庫で塩漬けすることで保存料、着色料などを使用しない自然な味わいとなる。ドイツのコンテストで数々の賞を受賞。

○2001～2005年【認定品目数117品目 累計432品目】

◆氷温二十世紀梨　㈱東亜青果（鳥取県）

秋に収穫した二十世紀梨を春まで氷温貯蔵。出荷期間を大幅に延長した。

◆どら焼き　㈱丸京製菓（鳥取県）

どら焼きの生地を氷温熟成してから焼きあげた。きめが細かくなり、しっとり感が向上した。

◆氷温ジャガイモ　㈱東京フード（栃木県）、㈱厚生冷蔵（千葉県）

ジャガイモを氷温貯蔵することにより、出荷時期を伸ばすだけでなく、甘みが増し、食感も向上した。身崩れもしにくい。

◆氷温瀬戸ジャイアンツ　高梁市（岡山県）

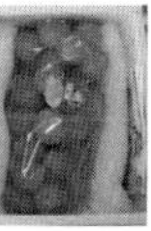

ブドウを氷温貯蔵することによって、出荷時期を大幅に伸ばすことができるようになった。マスカット系の高級ブドウ。

◆氷温レッドパール　築山隆明（愛媛県）

樹上完熟したイチゴを収穫直後から氷温予冷することにより、困難といわれていた出荷調整が可能となった。

◆氷温熟成花かつお　ヤマキ㈱（愛媛県）

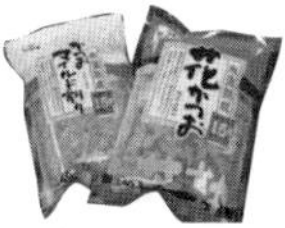

うまみ成分のイノシン酸が1.5倍に増加した。ロングヒット商品で、マイルド削りやだしパックなどシリーズ展開している。

◆氷温甘熟珈琲　㈱澤井珈琲（鳥取県）

焙煎前のコーヒー豆を氷温熟成することにより、コーヒーの香りが高まった。

◆氷温ニンニク　JAつがるにしきた富萢統括支店（青森県）

青森県産福地ホワイト6片を氷温貯蔵することにより芽の生長を抑制、身割れを防止することができ、長期貯蔵が可能となった。

○2006～2010年【認定品目数152品目　累計584品目】

◆雪蔵仕込み　㈱吉兆楽（新潟県）

雪蔵＋氷温庫という日本に唯一の施設で南魚沼産のこしひかりを熟成させた。2kg袋でしか販売しない高級品。

◆氷温熟成大豆豆腐　相模屋食料㈱（群馬県）

国産大豆を氷温熟成することにより、豆腐の食感と風味を飛躍的に高めた商品。関東でロングヒットとなっている。

◆氷温熟成珈琲　キーコーヒー㈱（東京都）

マンデリンなど高級豆だけを使用したギフト向け氷温熟成珈琲。水分の均一化効果でムラ無く焙煎できる。

◆氷温鮮魚ブリ　㈱サンテベール、㈱ブリミー（熊本県）

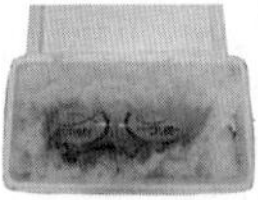

氷温ジェルアイスを用いた代表的な商品。ブリのフィーレが一週間以上も刺身で食せる鮮度を保ち、うま味も向上する。

◆あじの南蛮漬　㈱ダイマツ（鳥取県）

国際線ファーストクラスの機内食に採用された商品。日本海のアジを氷温酢と氷温野菜でまろやかな南蛮漬に仕上げた。

◆氷温雪下人参ジュース　JA十日町（新潟県）

氷温熟成させた高原にんじんをジュースに仕立てた。くさみがなく、にんじん嫌いな人でもスッキリと飲める。

◆ウィッピー　㈱シェフミートチグサ（千葉県）

氷温熟成したウインナーに千葉県産ピーナッツを合わせた地域性の高い商品。

◆氷温熟成豚肉氷室　㈱クリマ（群馬県）

枝肉での衛生管理と熟成を徹底的に追究した商品。不飽和脂肪酸が増加し、とろけるような口どけの豚肉となった。

◆氷温貯蔵EMリンゴ　㈲イーエム総合ネット弘前（青森県）

200坪の高精度氷温庫で貯蔵された弘前産のりんご。長期間収穫したての鮮度を保つことができ、食感や甘みも向上する。

◆氷温蔵出しさや煎落花生　㈱広川（千葉県）

千葉県産高級落花生を天日乾燥し氷温熟成した商品。しっとりとした風味、食感と甘みを強く感じる。

◆あんぽ柿　森本和洋氏（和歌山県）

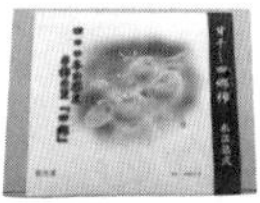

和歌山県かつらぎ町串柿の里で、硫黄燻蒸をせず４カ月以上氷温庫で渋抜きを行い、あんぽ柿に仕上げた。中小企業長官賞受賞商品。

◆氷温乾燥ほっけ一夜干し　㈱まるとみ吉川水産（北海道）

北海道産のほっけを氷温庫の中でじっくりと24時間乾燥させることで、化学調味料に頼ることなく魚本来のうま味が凝縮された味わいとなる。

◆牛たん　五光食品㈱（宮城県）

仙台牛タンを氷温熟成することにより食感がやわらかく、うま味成分のグルタミン酸が増えている。

◆氷温れんこん　高須農園（茨城県）

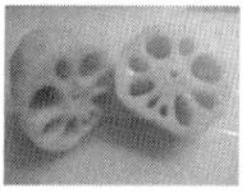

こだわりの光合成微生物農法でつくられたひかりれんこんを氷温貯蔵した。約２カ月鮮度を保持したまま、長期貯蔵が可能となった。

◆氷温熟成あさり　六花社（三重県）

氷温ジェルアイスを用い、アサリを全国各地へ流通している。アサリのうまみ成分であるコハク酸が増加している。

◆氷温熟成無添加カレー　舶来亭（鳥取県）

厨房用氷温庫で手作りカレールウ完成後に氷温熟成している。野菜の甘さがじっくりと引き出され、スパイスとのバランスが良い。

○2011～2014年【認定品目数84品目　累計668品目】※2014年12月現在

◆氷温熟成眠り豚　㈱岩野（山梨県）

群馬県産はるな豚を氷温倉庫に預け熟成している。食感がしっとりやわらかくなっており、うま味が強い。

◆紅ずわいがにかにおこわ　㈲前田水産（鳥取県）

氷温熟成もち米を使用し、鳥取県境港で獲れた紅ズワイガニの茹で汁で氷温浸漬を行い、ふっくらとしたおこわに仕上げている。

◆氷温熟成牛角キムチ　㈱フードレーベル
（東京都）

韓国産白菜にこだわり、韓国で生産している。キムチ製造工程と日本国内への量販店に並ぶまで徹底した温度管理を行っている。

◆氷温貯蔵甲州百目　マルトクフルーツ
（山梨県）

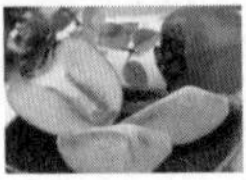

甲州百目（渋柿）を氷温庫の中でゆっくりと渋抜きを行った。実の硬さをしっかりと保っている。春ごろまで出荷が可能となった。

◆氷温熟成鈴鹿豚　㈱くすの木（三重県）

鈴鹿の精肉店から登場した商品で店頭販売している。三重県産鈴鹿豚を氷温熟成することで甘味とうま味の遊離アミノ酸が増加する。

◆氷温寒熟鹿沼そば生　米山そば工業㈱
（栃木県）

㈱石川そば製粉所の氷温寒熟そば粉を使用し、生そばタイプを商品化した。製麺しても風味豊かな味わいとなっている。

◆越後雪室屋氷温熟成雪室緑茶　㈲正香園
（新潟県）

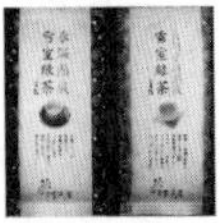

茶葉を氷温貯蔵することで甘味成分であるテアニンが増加する。その後雪室貯蔵し鮮度を管理することで、色鮮やかな緑色が保たれる。

◆京都・伏見酒まんじゅう　㈱和晃（京都府）

京都・伏見の名水で作られた純米大吟醸を氷温保管し、生地と餡を氷温熟成した。生地がきめ細かで餡はしっとりとなっている。

◆氷温季節のコンフィチュール　㈱桃の館
（愛知県）

真空状態を利用した氷温真空濃縮機を使い、加熱しないタイプのジャムをつくることが可能。フルーツが濃縮された味わいとなる。

◆骨まで食べられる氷温熟成いわし生姜煮
㈱みうらや（茨城県）

銚子港で水揚げされたいわしを飽和蒸気調理器で骨まで食べられるよう加工後、調味液漬工程を氷温熟成している。湯煎タイプ。

◆日本盛氷温熟成米のお酒　日本盛㈱
（兵庫県）

㈱鳥取県食の氷温熟成米きぬむすめを使用して作られた生貯蔵酒。シリーズとしてペットボトルタイプの生酒も登場している。

◆氷温熟成牛肉

牛肉を氷温熟成することで、甘味とうま味の遊離アミノ酸が増え、コクが深い味わいとなる。また、脂の口どけ感が向上する。

・㈱くすの木
・㈱温泉町夢公社
・杉本食肉産業㈱
・エムケイ開発㈱
・㈱Original Quchi
・㈱シェフミートチグサ

e）水分　　16％以下（精米）
f）白度　　38％以上（精米）
g）砕米　　5％以下（精米）
h）食味値　　75以上（精米）

③氷温認定スキーム（氷温認定証および氷温認定マーク含む）

氷温食品の認定スキームを図6‐2に、氷温認定証および氷温認定マークを図6‐3に示す。

(2) 認定氷温食品リスト

認定氷温食品のリストを表6‐4、図6‐5に示す。

(3) 氷温機器認定

氷温機器についても認定基準があり、規格基準がある機器品目については、その規格を満たしているかどうかを確認し、認定を行う。

なお、規格基準がある機器としては、業務用氷温庫、プレハブ氷温庫、氷温ショーケース、氷温コンテナ（簡易氷温コンテナ）、氷温車、氷温車（氷温コンテナ併用）、氷温乾燥機、氷温真空乾燥機、氷温解凍機、氷温コンディショニング装置（氷温活魚）、氷温ユニット、氷温予冷庫、氷温CA貯蔵庫などがあり、たとえば、プレハブ氷温庫の規格基準の基本構成（ただし、5材料、6試験および7検査は省略）は次のとおりである。

〔プレハブ氷温庫の規格基準〕

1　適用範囲　この規格は、圧縮式冷凍機と貯蔵あるいは熟成室を構成するプレハブ式箱体を備えた有効内容積3・0㎡（設置面積1・5㎡）以上のプレハブ氷温庫について規定する。

2　種類　プレハブ氷温庫の種類は次のとおりとする。

⑴　プレハブ氷温庫

⑵　高湿度プレハブ氷温庫

3　性能

3・1　冷却性能　プレハブ氷温庫は、周囲温度0〜30℃において温度調節器で庫内温度をマイナス5〜0℃の範囲に手動で調節ができるものとする。

3・2　冷却速度　冷却速度は、設定温度までの到達時間は1時間以内とする。

3・3　庫内温度分布　プレハブ氷温庫の庫内温度分布は、測定された温度の最高値と最低値の差が、1・0℃以内でなければならない。

3・4　庫内相対湿度　高湿度氷温貯蔵庫の庫内相対湿度は、測定された相対湿度は90％以上でなければならない。但し、霜取り時は除く。

3・5　霜取り性能　霜取り性能は、霜取り操作が自動開始、自動終了であり、次の各項に適合しなければならない。

⑴　霜取り終了後、冷却器及び排水経路に機能及び性能に支障を生じるような霜及び氷が残らないこと。

⑵　霜取り中の空気温度の上昇が2℃以下であること。

3・6　断熱特性　断熱特性は、外側面中央の表面温度と周囲温度との差が5℃以内でなければならない。

3・7　温度　各部の温度は、JIS-C9607

（5・9 温度）の規定を満足すること。

3・8 絶縁抵抗　絶縁抵抗は、JIS-C9607（5・10 絶縁抵抗）の規定を満足すること。

3・9 耐電圧　耐電圧は、JIS-C9607（5・11 耐電圧）の規定を満足すること。

3・10 電圧変動特性　電圧変動特性は、JIS-C9607（5・12 電圧変動特性）の規定を満足すること。

3・11 始動特性　始動特性は、JIS-C9607（5・12 始動特性）の規定を満足すること。

4 構造

4・1 構造一般　構造一般は、JIS-C9607（6・1 構造一般）の規定に満足すること。

4・2 調節装置　調節装置は、次の各項に適合しなければならない。

(1) 温度調節装置の設定温度は容易に変えることができ、分解能は0.1digitのものとする。

(2) 温度表示器は、デジタル式とし、分解能は0.1digitのものとする。

4・3 冷却器　冷却器は、次の各項に適合しなければならない。

(1) 冷却器は2台以上有するか、霜取り時の温度上昇を防ぐ機能を有するものとする。

(2) 冷却器ファンの風速は、霜取り後の水滴が庫内に散布しないこととする。

4・4 電源電線　電源電線は、JIS-C9607（6・5 電源電線）の規定を満足すること。

4・5 配線　配線は、JIS-C9607（6・6 配線）の規定を満足すること。

5 材料　（省略）

6 試験　（省略）

7 検査　（省略）

※性能試験は、別途（公社）氷温協会に定められた条件の下で測定を行うものとする

(4) 認定氷温機器および氷温関連機器リスト

認定氷温機器および氷温関連機器のリストを図6-6に示す。

5 氷温食品の分類

(1) 氷温生鮮食品

（公社）氷温協会設立当初の昭和60年代は、昭和40年代や昭和50年代と異なり、生産地と大消費地を結ぶコールド・チェーンもかなり充実してきていた。しかし、産地からの輸送や市場取引、あるいは小売り段階における低温管理が部分的に切断されており、急激な温度上昇による結露やムレなどによって著しい鮮度低下や品質劣化を引き起こすケースも多発していた。

このような断続的なコールド・チェーンでは、いくら産地で生鮮食品を氷温予冷や氷温貯蔵して鮮度を高く保持していても、実際、消費者の手にわたる時には従前の流通技術によって運ばれた生鮮食品と大きな差があらわれないものである。未完成なコールド・チェーン環境では、高鮮度な生鮮食品の流通は困難であり、認定された氷温食品も加工したものがほとんどであった。

ところが、近年のグルメブームにより消費者の高鮮度食品や高品質食品の需要が高まり、低温流通管理システムはより連続性が高まり、産地における鮮度感をそのまま食卓へ運ぶことが可能となってきた。

◆小型プレハブ氷温庫

設定温度に対して、±0.5℃以内で庫内を管理できる精度をもつ。
食品の原料保管から熟成、漬け込みなど多用途に使われている。
食品工場に多く設置されているが、生産者が個人で設置する例も多い。

◆氷温ショーケース

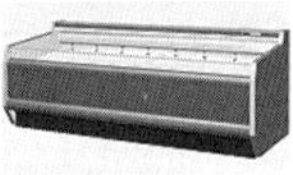

スーパーなどの食品陳列に利用される。冷却能力、温度精度ともに高く、鮮魚や肉の管理などに適している。

◆大型高精度氷温庫

庫内高8m以上であっても二重天井方式で庫内をほぼ無風に管理できる。果実や野菜などの大量貯蔵が可能となる。写真は、弘前に設置されている大青工業㈱製のりんご氷温庫。200坪の大きさ。

◆氷温ジェルアイス製造機

シャーベット状の氷が製造できる装置。一粒一粒の氷が直径0.1mm程度の球状となっており、冷却能力が高く、溶けにくい。塩濃度だけではなく、氷の温度も自由に調節できるため、氷結点直前の温度で製氷でき、鮮魚の冷却や輸送などでは大きな効果を発揮する。ブリ、マグロ、カキ、アサリなどで活用されている。

◆氷温真空濃縮機

食品を加熱せず、0℃以下の未凍結温度域で真空を利用して短時間で水分を蒸発させることができる。
風味や色を損なわずに、果実のジャム様ペーストなどが製造できる。

◆電子式サクション制御氷温庫

主にヨーロッパで用いられている制御方式を氷温庫に応用したタイプ。コンプレッサーのオン、オフ制御ではなく冷媒量を特殊な弁によって自動調整することで、庫内温度精度を高く保つことができる。

◆電子氷温庫

半導体のペルチェ素子で冷却するノンフロン型の氷温庫。臓器の保存や歯根膜細胞の保存など、主に医学分野で活用されている。

◆氷温乾燥機

小型タイプから大型タイプまである。送風または除湿材併用により氷温域での乾燥を可能とした。主に一夜干し製造などで活用されている。

◆氷温ＣＡ貯蔵庫

氷温庫にＣＡ機能を付加したタイプ。リンゴやブドウなど、氷温貯蔵効果にプラスしてガス貯蔵効果が得られるため、長期貯蔵が可能となる。

図6-6 主な氷温機器とプレハブ氷温庫

また、リンゴやニンニクなど長期貯蔵が技術的に確立されたものは除いて、一般的には氷温貯蔵された高鮮度な果実であっても、これまでは「貯蔵モノ」として扱われ、売価も期待を大きく裏切る状況にあった。しかし、今日では、氷温技術によって貯蔵、ないしは糖度向上など品質向上された果実や野菜のマーケティングが構築されてきており、収穫の数カ月前から予約を受けつけるほど、氷温青果物のニーズは高まりを示してきた。

したがって、ナシ、柿、ブドウ、サクランボ、イチゴ、ネギ、ニンニク、ニンジン、ジャガイモなどの野菜・果物類に米、ソバ、大豆などの穀類・豆類、また、アジ、マグロ、ウニ、エビなどの鮮魚介類に牛肉、豚肉、鶏肉、卵、はちみつなどの畜産類などを対象とした氷温生鮮食品が近年、急増しており、氷温食品全体の約2割を占めるまでになった。

(2) 氷温加工食品

氷温技術は、生鮮食品のとれたて、もぎたての鮮度を高く保持するのみならず、加工食品においては、まろやかで、奥深い味覚と風味を引き出すといった熟成効果（氷温熟成）がある。実際、全国各地で生産された農畜水産物の氷温貯蔵、あるいはこれらを原材料とした氷温加工が行われ、干物、漬け魚、カニ加工品、からし明太子、押し寿司、カツオ節、海苔、漬物、豆腐、菓子・パン類、麺類、餅、落花生、甘栗、ハム・ソーセージ類、生酒、ビール、純米酢、納豆、コーヒー、茶などさまざまな氷温加工食品が製造、販売されている。加工食品は氷温食品全体の約8割を占める。

ところで、氷温技術が生まれた当時のコール

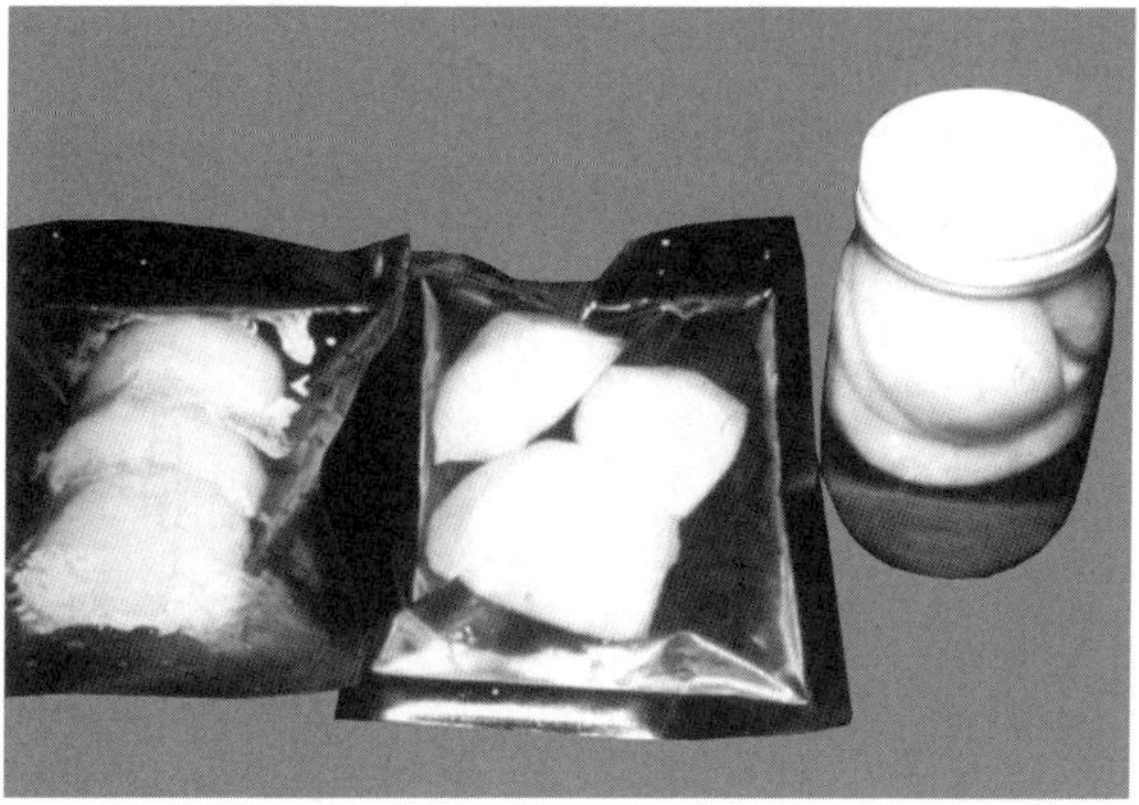

写真6-7 二十世紀ナシのシラップ液漬け

ド・チェーンがまだ完備されていない状況では、氷温生鮮食品を流通することはできなかった。

したがって、最初の氷温食品の開発は、二十世紀ナシの氷温流通技術の確立ではなく、先に「氷点降下剤の利用による氷温域の拡大」でも説明したが、完全ではない低温流通システムでも高鮮度な二十世紀ナシ果肉の提供が可能である「鳥取県産二十世紀ナシの氷温シラップ液漬け」であり、氷温食品第一号である（写真6－7）。これは、果実を加熱してしまう缶詰とは異なり、非加熱で、フレッシュな生の食感が維持されるよう糖液で浸透圧を調整、袋詰め後、氷温貯蔵で鮮度管理した氷温生詰め食品である。もちろん、氷温協会設立前の開発であったので、認定制度もなく、認定氷温食品の歴史では登場しない幻の氷温食品であるが、ここであえて紹介しておく。

6　プレミアム「超氷温」ブランドの確立を目指して

認定食品数の急増とともに氷温食品の認知度も連動して、確実に高まっている。とくに、関東地方での氷温食品の普及は著しく、購入できる食品群も多い。一方、生産地での氷温技術の導入も年々進み、地域発氷温食品も増加傾向にある。各地域ならではの農畜水産物などの地域資源に氷温技術を用いて、高鮮度保持化や高品質化を図り、付加価値を高めて全国へ、さらには世界へと日々発信されている。

このように全国各地からさまざまな氷温食品が多く流通されるなか、事業者のみならず消費者から、質的にいっそう高いプレミアム氷温食品を求める声が高まっている。氷温認定基準にしたがって調査や検査がなされ、厳正なる審査に合格したものが氷温食品であるが、氷温技術の導入の程度においては、どうしても濃淡が生じるものである。

つまり、たとえば、食品製造の一連の工程において、原材料の予冷から熟成に氷温技術を導入し、その後、氷温乾燥を施し、製品となり、出荷までの時間をさらに氷温熟成するといった複数工程に氷温技術を導入した氷温食品と、氷温乾燥のみを施した氷温食品が同じカテゴリーとして扱われている。ただ、複数工程に氷温技術を導入した食品の方が商品として品質的、商品価値的に優れているという意味ではなく、食品あたりの氷温技術の質的な導入度という観点からこれまでの氷温食品を再度見つめてみると、ひとつの新しいグループ、プレミアム氷温食品がカテゴライズされてくる。

そこで、今後は従前の氷温食品の普及とともに、氷温の温度域よりもさらなる低温で未凍結状態を示す超氷温域で貯蔵や加工した食品、および高レベルの氷温技術が安定的に導入されている食品を加え、すなわちこれらプレミアム氷温食品に値する新しい「超氷温」ブランドの確立も図っていく。

自然に学び、自然の恵みを存分に生かした食品を感謝の心でおいしくいただく生活。そういった食文化が築かれていくことを願って止まない。

なお、先に「氷温」とは、0℃以下の生なる温度世界の総称であり、また「氷温域」とは、0℃から氷結点までの未凍結温度域であると定義した。したがって、「超氷温域」は氷結点以下、過冷却状態の破壊点までの未凍結温度域のことであるが、「超氷温」はプレミアムな氷温世界の総称と定義される。

七、医学・獣医学への展開

氷温技術は食品の貯蔵、加工ないしは輸送に関する研究がすすめられ、前述のように実用化が多々進められている。そして、氷温学会を中心として、これら氷温技術のメカニズムの解明など科学的な研究も多角的に行われている。また、氷温技術が誕生した米子市は日本初の生鮮食品用冷蔵庫が開発された冷蔵発祥の地でもあることから、氷温を含めた低温領域全般の科学に関する研究発表会「低温・氷温研究会」（氷温学会主催）も開催し、氷温科学の構築を図っているところである。

さらに、医学、歯学ないしは獣医学の領域においても、多くの研究者によって氷温技術の応用研究が鋭意進められている。そのなかでも、すでに臨床レベルで利用され、治療行為に移行しているものもある。

昭和大学歯学部では、抜去後のヒト歯（歯根膜細胞）の氷温一時保管が、また、奈良国保中央病院整形外科ではヒト切断指が氷温保存され、その後の再接着手術で非常に高い生着率を示している。

今後、医学、歯学や獣医学の領域において、氷温技術に関するさらなる基礎研究、応用研究が進み、臨床レベルでのよりいっそうの実用化が期待されている。

以下に、医学、歯学および獣医学の領域に関するいくつかの代表的な研究を紹介する。

1　医学への展開

(1) 心臓血管外科領域における氷温保存の有用性とその応用戦略

（水野朝敏／東京慈恵会医科大学附属柏病院心臓外科）

食品の分野において氷温の温度域はその利用、応用が進み、事業化も加速度的に進んでいる。

一方、医学の領域においては依然として心臓、腎臓、血液などを保存する際には4℃で行うのが一般的である。ただし4℃を選択している理由を明確に示している報告は見当たらず、臓器保存後の機能維持のための凍結防止目的で、漠然と4℃が選択されていると思われる。したがって、氷温保存が可能な現在、4℃での臓器保存に固執する理由はない。

心臓の保存には単純浸漬保存法と灌流保存法があるが、輸送、保存方法の簡便さでは単純浸漬保存法が優っている。しかしながら、単純浸漬保存では低温とはいえ代謝は進行する。心筋代謝を抑制し、良好な保存状態を維持するためには、凍結しないかぎり、できるだけ低温を維持することがエネルギー保存の面からは良いと考えられる。

しかし、低温保存についてのこれまでの報告では、過度に冷却すると心機能は悪くなるというものが多い。低温障害は、①凍結傷害、②イオン再分布と細胞腫脹が考えられている。

従来の冷水とice slush（シャーベット状の氷）を用いた保存法では、ice slushの量が多いと氷と接触している心筋に小さな氷結ができ心筋障害を起こしていた。しかも、冷水とice slushによる保存法では正確な温度管理は不可能である。そこで、雄性Sprague-Dawley系ラットの摘出灌流心を用いて、氷温による心保存の心機能に対する影響を検討した。その結果、氷温は従来の冷水とice slushによる保存とは比べものにならない正確な温度管理と低温障害の一つの要素である凍結傷害を予防し、低温による保護効果をより強く引き出すことが可能であることが確認された。

一方、氷温には低温であるがゆえに避けられない、低温障害のうちのイオン再分布と細胞腫脹、再灌流障害という問題が残されている。

低温障害の重要な一面を担っているのは、カルシウムの恒常性である。低温保存中には細胞内カルシウムの分布と濃度の調節障害、細胞内のNa^+-K^+ ATPaseの不活性化が低温障害をもたらし、その一局面として細胞腫脹が現われる。

そこで保存液に虚血、再灌流障害を防ぐCa拮抗剤であるVerapamilを添加し（氷温Ve群）、氷温とCa拮抗剤との併用効果について検討したところ、心機能は氷温群に比較して氷温Ve群のほうが良好な回復を示した。また、心保存後の心筋内高エネルギーリン酸化合物は4℃群に対して氷温群、氷温Ve群では有意に高く保持されたが、氷温群と氷温Ve群では差はなく、保存液へのCa拮抗剤の添加には影響されなかった。

この結果より、氷温は臓器保存においては良好な保存状態を維持するために有用であり、低温障害、再灌流障害という問題に関しては、保存液にCa拮抗剤などを添加することにより軽減させることが可能と考えられた。

0℃以下のマイナス未凍結温度域において、生命維持は可能であり、保存後もその機能の維持は可能であり、氷温保存は臓器保存における生命維持の時間的限界を延長することにおいて有用であると考えられた。

(2) 氷温技術を用いた臓器保存

(吉田和正・上山泰男/関西医科大学第一外科)

ラット(Wistar rat 260~340gオス)肝臓の氷温保存を試みる前に、まず、氷温専用冷蔵庫CFS-E1281VH(SANYO)の精度を確認するため、庫内と保存液(UW solution)の温度変動を、1分間隔、72時間記録測定した。コントロールとして、従来の医療用冷蔵庫も同様に記録測定した。その結果、少ない温度変動と精度の高い温度設定が可能と判断した。

また、ラット肝臓の氷結点はマイナス1・0℃であり、氷温庫の温度変動を考慮し、マイナス0・8℃を至適保存温度と考えた。

研究方法は、まず、ラットに対し、ネンブタールによる腹腔内麻酔を行い、開腹後、門脈内に4℃のKreb-Henseleite bicarbonate buffer(KHB solution)で灌流し、さらに4℃のUW solutionでフラッシュした後、肝臓を摘出した。摘出された肝臓は速やかに4℃とマイナス0・8℃の2種類の温度条件でUW solutionに単純浸透冷却し、それぞれ24、48、72および96時間保存した。

保存終了後すぐに、37℃、95%O_2、5%CO_2にoxygenateされたKHB solutionによるIsolated perfused liver modelを用い、60分間の温再灌流を行った。再灌流後20、40、60分時の灌流液中のLDHと、60分時の肝組織中のATPおよび組織学的検索により、保存状態を評価した。これらの実験行程は、肝摘出、冷虚血保存、温再灌流という移植の行程に非常に近いことから、肝移植のシミュレートを意味している。

前述保存のプロトコールは、いずれもｎ＝８とし、数値はすべてmeans SEで表記した。また、統計処理は、Mann-Whitney U testを用い、ｐ値は０・０５未満をもって有意差とした。

得られた結果は、次のように５つの要点にまとめられた。

1) 氷点下以下の温度条件にもかかわらず、氷温保存群の肝臓は、すべて凍結を認めなかった。

2) 冷保存、温再灌流後の肝組織中でのＡＴＰ濃度はすべての保存期間において、マイナス０・８℃群で有意に高値を示した（図７‐１）。これは、保存後の肝細胞内でのミトコンドリア機能が、氷温保存群でよく維持されていることを意味している。

3) ＬＤＨ活性は、24、96時間保存の保存期間に

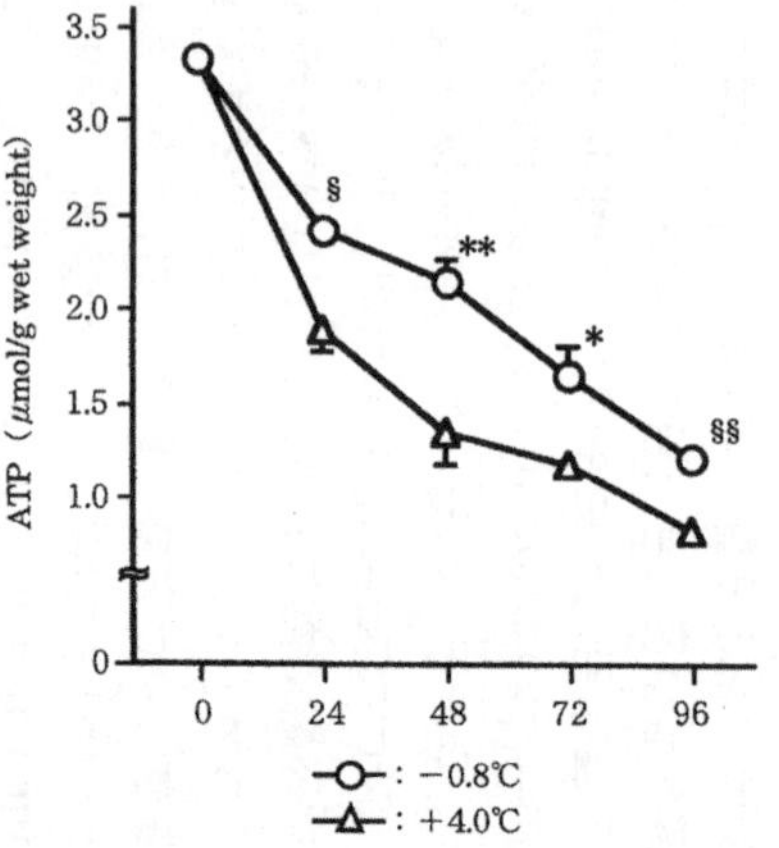

図7-1 冷保存、温再灌流後の肝組織中のATP濃度

資料：「氷温技術を用いた臓器保存」

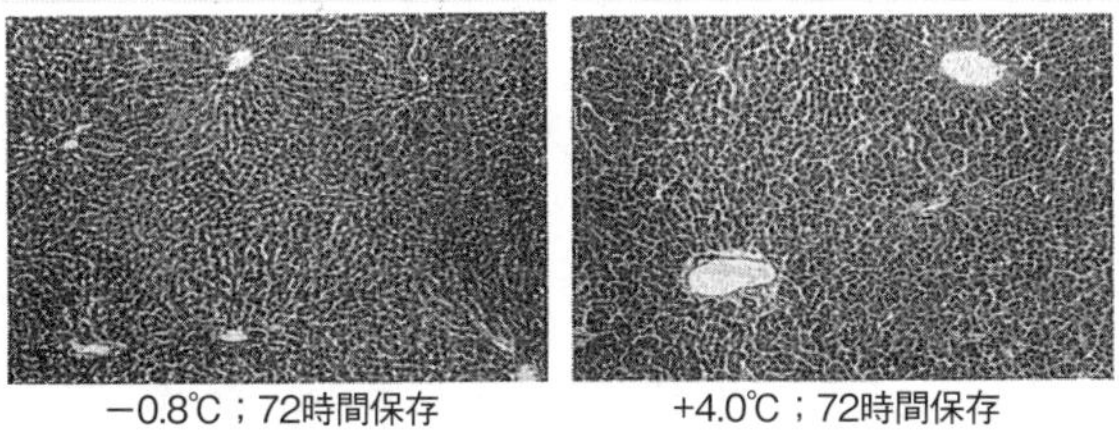

写真7-2 72時間保存における病理学的所見

資料：「氷温技術を用いた臓器保存」

おいて、マイナス０・８℃群で有意に低値を示した。これは、保存、再灌流にともなう細胞傷害が、氷温保存群で低く抑えられたことを意味している。

4) 病理学的所見は、24、48時間保存において両保存群間には明らかな違いは認められなかったが、72時間保存では、肝細胞壊死と類洞構築の乱れによる肝障害が４℃保存群に強く現われ（写真７－２）、96時間保存では、その差は著明となった。

5) 以上の結果より、氷温による肝保存は、従来からの保存方法に比べ、viabilityがよく保たれているものと考えられた。

氷温保存には、氷結点近くまで保存温度を下げるため、低温障害という避けることのできない問題が存在する。一般に、冷保存による冷虚血は、温虚血に比べ細胞傷害の程度は軽度と考えられている。しかし、低温のため、細胞内のホメオスタシス維持に関与する酵素活性まで低下し、細胞膜のNa^+-K^+ ATPaseなどが阻害され、Na^+が細胞内に流入し、水の流入をともない細胞浮腫が生じる。また、ATP依存性ポンプ機能の障害により、細胞質内のCa^{2+}濃度が上昇し、次にCa^{2+}依存性proteaseやphospholipaseが活性化され、細胞機能維持に必要な細胞骨格たん白や酵素などが分解され、細胞障害が進むと考えられている。

このように従来の冷保存同様、氷温保存にも低温障害や再灌流障害などの問題点は存在している。しかし、逆説的には障害のメカニズムがある程度推定されているため、これらに対する対策を講じれば将来的には臨床応用が可能であろう。

なお、本研究に関連して、関西医科大学と㈱氷温研究所による肝臓の氷温保存に関する研究「A Novel Strategy for Liver Preservation at a Temperature Just Above Freezing Point」は権威ある第33回欧州外科研究会議（ESSR: The European Society for Surgical Research）にて最優秀ポスタープライズを受賞した。

(3) 氷温による保存肢再接着と移植

（水本　茂・小野浩史・中河庸治／水本整形外科、奈良国保中央病院整形外科）

切断肢の冷却阻血時間は、筋肉の非可逆的変化より6～8時間が限界とされ、筋組織のない切断指でも12～24時間が限界とされてきた。これらの研究はいずれも2～4℃保存の結果である。

皮膚、筋肉などの凍結点はほぼマイナス1・5～マイナス2・0℃であり、低温保存の目的が生体エネルギーの温存、組織代謝の抑制とすれば、凍結点付近での非凍結保存＝氷温保存は当然試みられるべき保存法である。従来4℃保存が行われてきたのは、多くの研究でもその根拠が記載されていないが、氷水保存が簡便であることや、凍結防止が目的であったと思われる。

Fisher系雄ラットを用いた保存肢再接着実験で、生着率や組織学的比較において氷温保存が4℃保存よりも優れていることが明らかにされた。しかし、組織の種類により保存時間の限界が異なっていることが示された。筋肉、骨髄の変性がいち早く出現し、骨膜、皮膚が比較的長時間の阻血に耐えることは、従来の研究結果と一致する。再接着肢の機能的回復を期待するためには筋肉の変性防止が重要であるが、5℃で保存実験を行ったAlphenらの筋肉所見とわれわれの4℃群の結果はほぼ一致する。彼らは5時間以上の保存で筋線維間に線維芽細胞の増殖を認め、5℃の保存限界を4時間としている。マイナス1℃、8時間保存群ではこれより軽微な変化しか認められず、Alphenらの根拠を用いれば、マイナス1℃保存によって筋阻血の限界がほぼ8時間に延長されたものと考えられる。

筋組織を含まない指切断でも阻血時間が問題となるのは、いわゆるnon-reflow phenomenonとよばれる現象のためとされる。これは動脈吻合後も静脈環流が得られない現象で、Zdeblickらは急激に増悪する動脈閉塞、動静脈シャント、血液凝固因子、フリーラジカルなど複数の因子の関与を示唆している。臨床的にも阻血時間の延長とともに生着率は急激に低下し、切断指4℃保存は12～24時間が限界とされてきた。

われわれの実験は生体を供給源とする血液還流であり、切断肢血流再開時の血流動態を再現している。Norepinephrineに対する血管平滑筋の反応に示されたように、氷温保存は生体エネルギーの温存、組織代謝の抑制という点で、4℃保存に勝るが、血管コンプライアンスの低下、EDRFの分泌低下といった点でnon-reflow phenomenonを助長する可能性が示された。われわれの別実験でも、冷却保存組織は血管抵抗増加を認めた。その対策としてカルシウム拮抗剤である塩酸ニカルジピンを投与し、投与前後の組織酸素消費量をみた。塩酸ニカルジピンの投与は血管抵抗を有意に低下させ、組織酸素消費量も増加した。実験は4℃、12時間保存群では塩酸ニカルジピン投与により、血管抵抗は新鮮群と同一レベルにまで低下し、冷却保存による血管抵抗増加が可逆的変化であることが示された。カルシウム拮抗剤はnon-reflow phenomenon、いわゆる寒冷障害の対策として有用なことを示唆していた。

2　歯学・獣医学への展開

(1) 氷温保存を用いた歯の再植に関する実験的研究

（大山明博・芝　燁彦・瀧澤秀樹・柳沢　武・森下雅三・松本裕子／昭和大学歯学部第三歯科補綴学教室）

従来、歯の移植・再植を行うにあたり、歯を長期間保存する場合には凍結保存法が用いられてきた。凍結保存は過度の冷却によって細胞内の形態変化、各種酵素活性の低下、細胞分裂能の喪失などの細胞障害をきたす。そのため、グリセリンなどの凍結保護溶液が開発されてきたが、凍結保護溶液の濃度によっては細胞毒性を示すといわれており、凍結保存方法は最適なものとはいえない。

そこで本研究は、氷温保存による犬の歯の再植を行うことにしたが、これは世界中で未だ実験が行われていない独創的な研究である。また、保存液はこれまでの当研究室の実験結果より、保存にもっとも適しているUW液を用いることにした。UW液がもっとも良好な理由は、保存中に乳酸を産生するグルコースの代わりに、細胞膜不透過性のラクトビオン酸を加え、浸透圧を上げるためにラフィノースおよびペンタフラクションを加えていること、乳酸や水素イオンの蓄積で生じた細胞内アシドーシスによる細胞膜障害の防止やpHを安定させるためにリン酸緩衝液を添加していること、細胞膜が過酸化されて生じるフリーラジカルによる細胞障害性物質の産生を抑制するグルタチオン、アロプリノールならびに硫酸マグネシウムを含有していること、低温下におけるエネルギー代謝障害はATPを多量に消費するため再灌流後のATP再合成のための前駆物質としてアデノシンを添加していることなどによるものである。

これまで当研究室で行った、氷温保存、ラットの歯根膜を用いたin vitroの実験では、細胞の増殖が認められたのは21日間までであった。そして、保存期間が長くなるにつれて細胞増殖能力は減少している。本研究では、予備実験として氷温保存を7日間と規定した。

正常な歯根膜組織の場合、再植後、歯根膜線維は7日後に修復が始まり、14日後にほぼすべてが修復されるといわれている。一方、歯根膜が損傷を受けた場合には歯根膜線維の修復は行われず歯根吸収が生じる。その歯根吸収は1週間後から認められ、損傷が大きい場合には、セメント質を超えて象牙質にまで広範囲におよぶ吸収が確認されている。また、広範囲の歯根吸収に続いて生じるアンキローシスは14日後から認められるといわれている。これらのことから、本実験では再植14日目に再植歯の歯根膜および周囲骨の状態を検索することにした。

氷温保存および冷蔵保存7日間、再植後14日間経過した再植歯の組織学的所見をみると、氷温保存は再植後の治癒機転の歯根膜組織内の線維の走行および歯根の吸収に明らかな差異が確認された。

一般に、歯根膜の再生速度は再植の予後を大きく左右し、歯根膜の欠損範囲と残存歯根膜細胞の活性が問題になると考えられている。このような差異が冷蔵保存例の再植にアンキローシスを起こさせた原因と考えられる。一方、氷温保存例では正常像とほぼ同様の像が観察されたが、これは歯根膜細胞が抜去後の活性を7日後もほぼ維持できていたためと考えられる。

今回、筆者らは動物実験によって保存後の再植歯の予後を観察したが、7日間保存、再植後14日目では、氷温保存は冷蔵保存に比較して有効であることが示唆された。これは氷温保存により、再植後の歯根膜組織の活性が高く維持できたためと考えられた。

(2) 氷温による受精卵保存に関する基礎的検討

(山本豊厳・原田　省・見尾保幸・寺川直樹・三島睦夫・山根昭美／産業動物臨床研究所(有)、鳥取大学医学部産婦人科、(株)氷温研究所)

受精卵移植は畜産技術のなかで普及が急がれているものの一つである。受精卵の凍結保存は保存前後の処理が繁雑で凍結融解保護剤による受精卵への悪影響もあるため、新たな受精卵の保存方法が望まれてきた。

近年、氷温技術は食品の味と品質を損なわず、保存期間を大幅に延ばすことができるため注目を集めており、医学領域においても移植を目指した臓器保存への臨床応用の研究が行われつつある。

本研究では受精卵（2細胞期胚）の簡便かつ安全な未凍結保存法について基礎的知見を得るため、マウス受精卵の氷温保存を試みた。

氷温区に24時間保存した2細胞期胚は、採取直後の2細胞期胚と比較して位相差顕微鏡下での形態に差は認められなかった。

氷温区に72時間保存した2細胞期胚には細胞膜に不整が認められ、これを48時間培養し発育状態を観察したところ、8細胞期で発育が停止した。一方、細胞膜に不整が認められなかった2細胞期胚は、48時間培養後に正常な後期胚細胞となった。

2細胞期胚の氷温と4℃での保存性を比較したところ、氷温区に保存したものでは6時間保存では92％、12時間保存では96％、24時間保存では81％と高率な生存が認められた。一方、4℃の24時間保存では生存率50％であり、氷温と比較して短期間に後期胚盤発生率は低下する傾向が認められた。

したがって、短期間の受精卵の保存には氷温保存が優れていることが明らかとなり、新しい保存法として氷温保存を検討する価値は高いと考えられた。

参考文献

(1) 鳥取県食品加工研究所「鳥取県食品加工研究所三十年史」(1980年)
(2) 山根昭美「新食品加工技術」〔氷温食品〕(p140 - 155) サイエンスフォーラム (1985年)
(3) 酒井昭「植物の耐凍性と寒冷適応～冬の生理・生態学」学会出版センター (1985年)
(4) 山根昭美「わが人生論・鳥取編 (中)」〔自然に学べ〕(p139 - 141) 文教図書出版 (1987年)
(5) 伊藤真次「適応のしくみ～寒さの生理学」北海道大学図書刊行会 (1987年)
(6) 和田隆宣・大久保敬直「チルド食品」光琳 (1988年)
(7) 朝比奈英三「虫たちの越冬戦略～昆虫はどうやって寒さに耐えるか」北海道大学図書刊行会 (1991年)
(8) 河村洋二郎・栗原堅三・福家眞也・木村修一・山本隆・大村裕「うま味～味覚と食行動」共立出版 (1993年)
(9) 山根昭美「氷温貯蔵の科学」農山漁村文化協会 (1996年)
(10) 加藤泰丸「新しい段階に入った氷温・超氷温技術による生産流通技術システム」氷温研究会講演資料 (1996年)
(11) 野口敏「冷凍食品を知る」丸善 (1997年)
(12) 吉田和正・上山泰男「氷温技術を用いた臓器保存」〔16(8)〕(p35 - 43) BIO INDUSTRY (1999年)
(13) 山根昭彦「食品鮮度・食べ頃事典」〔氷温〕(p114 - 121) サイエンスフォーラム (2002年)
(14) 杉本良巳「鳥取歴史発見～中原孝太　冷蔵業の先駆者」〔61〕(p24 - 25) 鳥取NOW (2004年)
(15) 比佐勤「冷凍食品入門」日本食糧新聞社 (200

４年）

⒃ ed. by P.Zeuthen, J.C.Cheftel, C.Eriksson, T.R.Gormley, P.Linko and K.Paulus「Processing and Quality of Foods」Vol.3〔Chilled Foods : The Revolution in Freshness〕Elsevier Applied Science, London and New york（1990）

⒄ ed. by D.K.Salunkhe, H.R.Bolin and N.R.Reddy,「Storage, Processing, and Nutritional Quality of Fruits and Vegetables」（2nd Edition）CRC Press, Boca Raton, Ann Arbor and Boston（1991）

⒅ ed.by J.Davenport「Animal Life at Low Temperature」Chapman & Hall, London, New York, Tokyo, Melbourne and Madras（1992）

⒆「研究誌　氷温」〔第一巻〕（第一号～第六号）日本氷温食品協会（１９８７～１９９４年）

⒇「氷温科学」〔No.1～No.13〕氷温学会（１９９８～２０１４年）

著者の略歴

山根　昭彦（やまね　あきひこ）

公益社団法人氷温協会理事長

昭和35年生まれ。北海道大学大学院農学研究科博士課程修了。平成３年㈱氷温研究所取締役就任、翌４～５年にカリフォルニア大学デービス校へ留学。10年同研究所代表取締役、11年氷温学会専務理事を経て、15年(社)氷温協会理事長に就任。25年内閣総理大臣から認定を受けた(公社)氷温協会の理事長に就任、現在にいたる。

鳥取県食品産業協議会会長、鳥取県ふるさと認証食品協議会会長、(公財)鳥取県産業振興機構評議員、(一社)鳥取県発明協会理事、鳥取県産業教育振興会理事、鳥取環境大学非常勤講師、米子工業高等専門学校非常勤講師なども務める。

主な著作：「常温流通を目指す低温殺菌技術の最先端」サイエンスフォーラム（1999年）、「ぼくもノーベル賞をとるぞ！！」朝日新聞社（2001年）、「食品鮮度・食べ頃事典」サイエンスフォーラム（2002年）、「低温流通食品管理の鉄則」サイエンスフォーラム（2011年）、「現場で役立つ 食品工場ハンドブック（改訂版）～キーワード365プラス100」日本食糧新聞社（2012年）

食品知識ミニブックスシリーズ「改訂版　氷温食品入門」
定価1,200円（税別）

平成23年 3 月25日　初版発行
平成27年 5 月15日　改訂版発行

発　行　人：松　本　講　二
発　行　所：**株式会社　日 本 食 糧 新 聞 社**
〒103-0028　東京都中央区八重洲1-9-9
編　　　集：〒101-0051　東京都千代田区神田神保町2-5
北沢ビル　電話03-3288-2177
FAX03-5210-7718
販　　　売：〒105-0003　東京都港区西新橋2-21-2
第 1 南桜ビル　電話03-3432-2927
FAX03-3578-9432
印　刷　所：**株式会社　日本出版制作センター**
〒101-0051　東京都千代田区神田神保町2-5
北沢ビル　電話03-3234-6901
FAX03-5210-7718

ISBN978-4-88927-242-0 C0200

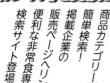

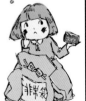

キーコーヒー株式会社

代表取締役社長 柴田 裕

一〇五-八七〇五 東京都港区西新橋二-三四-四

電話〇三（三四三三）三三一一

敷島製パン株式会社

代表取締役社長 盛田 淳夫

四六一-八七二一 愛知県名古屋市東区白壁五-三

電話〇五二（九三三）二一一一

須山醤油株式会社

代表取締役社長 須山 修次

六八九-三四二五 鳥取県米子市淀江町佐陀一一九一-六

電話〇八五九（五六）二〇三九

株式会社ダイマツ

代表取締役 松江 大志

〒六八三-〇八五四 鳥取県米子市旗ヶ崎二〇二六

電話〇八五九（三三）七四五六

株式会社平成倉庫

代表取締役 山本 茂

二八九-一一〇七 千葉県八街市八街は十九

電話〇四三（四四四）二五五六

「食」の最新情報とトレンドを伝える

「日本食糧新聞」の動画チャンネル

ニッショク映像株式会社

一〇五-〇〇〇三 東京都港区西新橋二-二一-二第一南桜ビル

電話〇三（三四三二）三一〇三

おいしいお米をもっと美味しく。
氷温熟成
雪蔵仕込み
産地精米
雪蔵仕込み 氷温熟成
特別栽培米 魚沼産こしひかり
雪蔵仕込み 氷温熟成
魚沼産こしひかり
株式会社吉兆楽
〒949-6366 新潟県南魚沼市君沢156-1
TEL.0257-83-3070 FAX.0257-83-3090
E-mail:kichorak@cocoa.ocn.ne.jp